职业教育产教融合培养创新人才成果教材

3D 打印技术案例教程

（SOLIDWORKS 2020）

主　编　高永伟　徐顺和

副主编　王梁华　褚佳琪

参　编　丁永丽　吴垠舟　曹永智　诸　悦

主　审　陈建军

机械工业出版社

本书以3D打印技术工艺为主线，以产品设计建模为手段，通过应用SolidWorks2020软件工具，配合先临三维科技股份有限公司Einstart FDM 3dStart软件完成典型产品由简到繁的项目制作全过程。

全书内容主要包含3D打印技术的发展与趋势，零件工程图的识读与数字化建模，部件的数字化装配，切片程序的使用，零件的打印前置处理和后处理，3D打印机的使用与维护、常见故障及原因等内容。学生重点通过了解项目任务、分析技术要求、学习软件建模、调试制备和制作打印等，随后通过一定量的实训，可进行真实的3D打印实践。通过这些基础知识学习，让学生逐渐走进3D打印的世界，对这门新兴的制造技术有一个清晰的了解，为下阶段深入学习打下坚实的基础。书中穿插了模型绘制视频（含传统加工视频）等，让学生充分了解传统加工与增材制造加工的区别，以提高学生学习的积极性。

本书既可作为职业院校机械、机电、汽车等相关专业的教材，又可作为增材制造培训教材，也可供从事计算机辅助设计与制造、模具设计与制造等工作的工程技术人员参考。

为便于教学，本书配套有电子课件、教学视频、习题答案等教学资源，选择本书作为教材的教师可来电（010-88379193）索取，或登录www.cmpedu.com网站，注册、免费下载。

图书在版编目（CIP）数据

3D打印技术案例教程：SOLIDWORKS2020/高永伟，徐顺和主编.—北京：机械工业出版社，2023.3（2025.1重印）
职业教育产教融合培养创新人才成果教材
ISBN 978-7-111-72442-1

Ⅰ.①3… Ⅱ.①高… ②徐… Ⅲ.①快速成型技术－职业教育－教材
Ⅳ.①TB4

中国国家版本馆CIP数据核字（2023）第010524号

机械工业出版社（北京市百万庄大街22号 邮政编码100037）
策划编辑：黎 艳 责任编辑：黎 艳
责任校对：肖 琳 张 薇 封面设计：张 静
责任印制：常天培
固安县铭成印刷有限公司印刷
2025年1月第1版第2次印刷
210mm×285mm·12.5印张·232千字
标准书号：ISBN 978-7-111-72442-1
定价：45.00元

电话服务 网络服务
客服电话：010-88361066 机 工 官 网：www.cmpbook.com
010-88379833 机 工 官 博：weibo.com/cmp1952
010-68326294 金 书 网：www.golden-book.com

机工教育服务网：www.cmpedu.com

前 言

3D 打印技术是集合 CAD、数据处理、数控、测试传感、激光等多种机械电子技术以及材料科学、计算机软件科学的综合技术，在现代工业生产中发挥着日益重要的作用。3D 打印技术可以为工业设计、原型制作、产品研发、创新创意等领域提供方便、快捷、多样化的产品。目前，我国的 3D 打印设备及技术已接近发达国家的水平，完全可以满足国内制造行业的多样化需求。同时，由于自主研发的配套材料也逐渐趋于完善，使我国对进口材料的依赖程度明显降低。这标志着我国已初步形成了 3D 打印设备和配套材料的制造体系。

本书在编写过程中，以 3D 打印技术工艺为主线，以产品设计建模为手段，以主流 SolidWorks2020 软件为应用工具，以工学结合为方向，以学生为中心，以能力为本位，融理实一体化于教学中，从实际应用出发，充分考虑职业院校学生的学习特点，精心规划教学内容。

全书以完成典型产品零件由简到繁的项目制作为载体，以基础知识、案例讲解为主线贯穿全书，内容主要包含 3D 打印技术的发展与趋势，零件工程图的识读与数字化建模，部件的数字化装配，切片程序的使用，零件的打印前置处理和后处理，3D 打印机的使用与维护、常见故障及原因等内容。通过各章节教学目标、思维导图，课前学习中的想一想、查一查、知识拓展、自学自测，课中实训中的相关知识、任务实施、复习思考、项目评价，以及课后提升来完成目标任务的学习。本书能够帮助学生在短时间内掌握 3D 打印技术的实际应用，开阔视野，激发学生的学习兴趣。

本书由杭州萧山技师学院高永伟和徐顺和任主编，陈建军主审，其中高永伟负责全书结构和教学目标的制定，徐顺和编写第 1 章和第 2 章；杭州萧山技师学院王梁华和海宁技师学院褚佳琪任副主编，其中王梁华编写第 11 章和第 12 章，褚佳琪编写第 5 章；杭州萧山技师学院诸悦编写第 3 章和第 4 章，杭州萧山技师学院丁永丽编写第 6 章，杭州萧山技师学院吴垠舟编写第 7 章和第 8 章，宝鸡技师学院曹永智编写第 9 章和第 10 章。

由于编者水平有限，书中难免有错漏之处，恳请各位读者批评指正，提出宝贵的意见，不胜感激！

编者

二维码索引

目 录

CONTENTS

第1章　3D打印技术的发展与趋势

【教学目标】

知识目标：

1. 了解3D打印技术的国内外发展史。
2. 能够说出3D打印机的未来发展趋势。
3. 熟知3D打印技术在主流领域的应用。

能力目标：

1. 通过查找、阅读相关资料，完成3D打印技术国内外发展现状的汇总及归类。
2. 能够简要说出3D打印技术的发展历程。
3. 能够正确理解3D打印技术的概念。

素养目标：

1. 通过查找、搜索等手段，提高学生查阅、收集信息的能力。
2. 通过资料收集、分析、辨别，提升学生的分析能力和团队协作能力。
3. 培养学生对3D打印技术的兴趣，激发学生的求知欲。
4. 培养增材制造的理念，激发学生对智能制造的兴趣。

【思维导图】

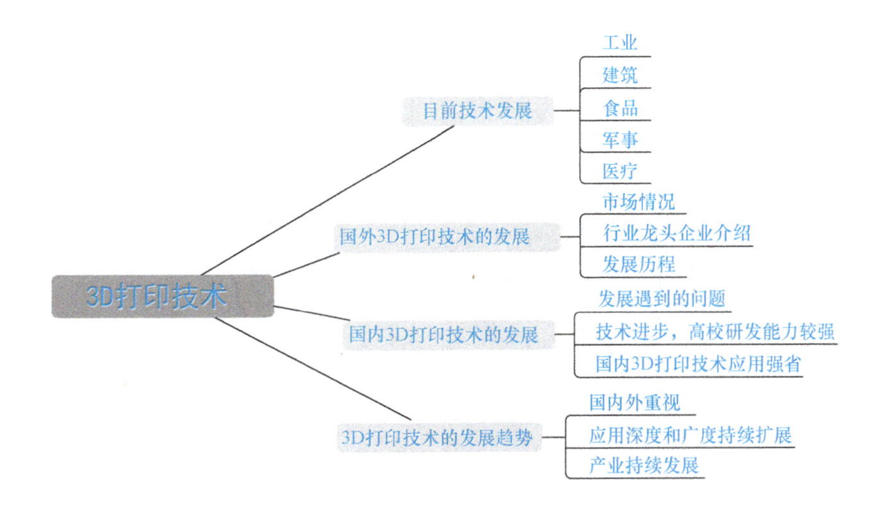

学习活动1：课前自学

【想一想】

列举 3D 打印技术在以下领域的应用，并完成表 1-1。

表 1-1　3D 打印技术在各领域的应用

序号	领域	3D 打印技术应用案例	备注
1	工业		
2	建筑		
3	食品		
4	军事		
5	医疗		

【知识拓展】

3D 打印机的核心灵感来源于“笛卡儿机械”，这种机械可以沿着三个直线方向移动，分别是 X 轴、Y 轴和 Z 轴，这种坐标系称为笛卡儿坐标系（图 1-1）。要做到这一点，这些 3D 打印机必须使用具有较高精度和定位准确度的小型步进电动机，通常是 1.8° / 步，再通过细分控制步进电动机，使其精度达到 1mm 以内。“笛卡儿机械”像其他计算机数字控制（CNC）设备一样能够沿着线性轴运动，在指定的位置上让热熔塑料喷头挤出加热后的塑料丝，然后通过沉积塑料丝的方式绘制 3D 物品的某一层并形成薄层。目前，桌面型 3D 打印机大部分都是通过同步带和同步轮沿 X 轴和 Y 轴提供快速而精确的定位，Z 轴则大多数使用螺纹杆或丝杠来达到精准定位的要求。

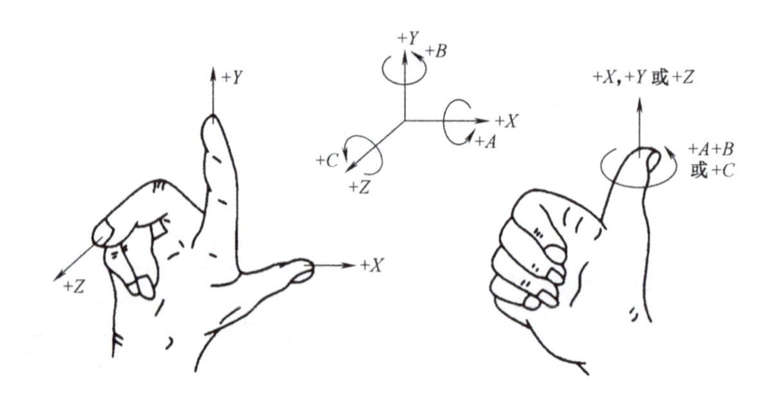

图 1-1　笛卡儿坐标系

虽然听起来很复杂，但事实上却简单得多，因为几乎所有厂家生产的 3D 打印机都是用这种标准化的组件组装而成的。在某种程度上，多年来艰苦的工作，从一无所知到今天制造出如此出色的 3D 打印机，我们要感谢开放和共享的技术社区，它们对设计和改进的自由共享，通过众智的方式进一步提高了 3D 打印机的技术水平。

【自学自测】

1. 3D 打印技术的未来发展及应用市场拥有相当巨大的潜力，在_____、_____、_____、_____、教育、珠宝、考古等领域得到了广泛应用。

2. 3D 打印机的核心灵感来源于_______________，这种机械可以沿着三个直线方向移动，分别是___轴、___轴和___轴，这种坐标系称为______。

学习活动2：课中讲授

1.1　3D 打印技术的发展

1.1.1　国外 3D 打印技术的发展

1986 年，Chusk Hul 发明了光固化成型技术，利用紫外线照射使树脂凝固成型，第一台 3D 打印机 SLA-250 诞生，其体型非常庞大。

1989 年，C.R.Dechani 博士发明了选区激光烧结技术（SLS），利用高强度激光将尼龙、蜡、ABS、金属和陶瓷等材料粉末烧结，直至成型。

1993 年，麻省理工学院教授 Emanual Sachs 发明了三维打印技术（3DP）。

1996 年，第一次使用“3D 打印机”的称谓。

2005 年，Z Croooraion 推出世界上第一台高精度彩色 3D 打印机——Spectrwum z510。同年，英国波恩大学的 Adrian Bowyer 发起了开源 3D 打印机项目 RepRap，目标是通过 3D 打印机本身制造出另一台 3D 打印机。

2007 年，第一个基于 RapRap（自我复制）项目的 3D 打印机发布，代号为“Darwin”，它能够打印自身 50% 的元件。

2010 年 11 月，第一辆用 3D 打印机打印出整个车体的轿车出现，它的所有外部组件都由 3D 打印机制作完成，并可以驾驶使用（图 1-2）。

2011 年，全球首款巧克力 3D 打印机由英国人成功研制。

图 1-2　驾驶 3D 打印汽车

2012 年 3 月，维也纳大学的研究人员宣布其利用二维光子平板印刷技术突破了 3D 打印的最小极限，并展示了一个长度不到 0.3mm 的赛车模型。

2012 年 11 月，苏格兰科学家利用人体细胞在 3D 打印机上打印出人造肝脏组织。

2013 年 10 月，全球首次成功拍卖一款名为“ONO 之神”的 3D 打印艺术品。

2013 年 11 月，美国的 3D 打印公司设计制造出 3D 打印金属手枪（图 1-3）。

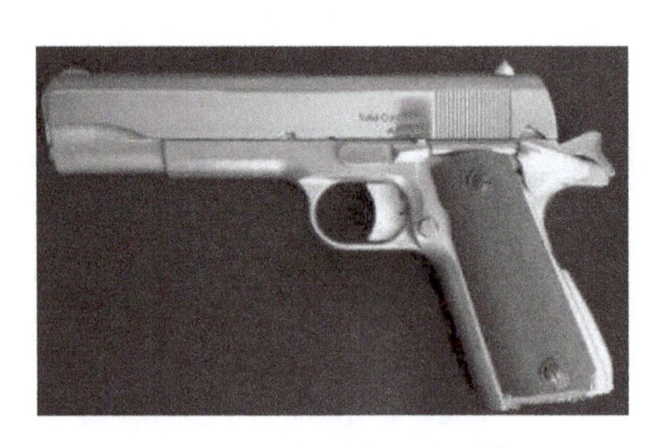

图 1-3　3D 打印金属手枪

【写一写】

1. 以时间为节点罗列出 3D 打印技术的发展史。

2. 简述国外 3D 打印技术的发展。

1.1.2　国内 3D 打印技术的发展

据统计，2021 年中国增材制造企业经营收入为 265 亿元，近 4 年平均增长率约 30%，高出全球平均水平约 10%。2021 年国内现有以增材制造为主营业务的上市公司已有 22 家。我国 3D 打印区域特点为：京津冀全国领先，长三角地区凭借良好的经济发展优势、区位条件基础，已初步形成全 3D 打印产业链发展形势；而华中部地区以研发为主，以陕西、湖北为核心建立产业培育基地。珠三角地区则为 3D 打印应用服务的高地，主要分布在广州、深圳等地（图 1-4）。

图 1-4　主要省份 3D 打印营业情况

认真阅读以上文字材料，完成表 1-2。

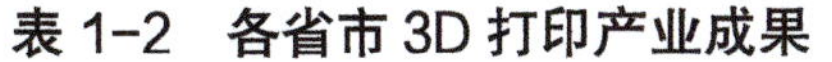

表 1-2　各省市 3D 打印产业成果

地区	成果

【查一查】

查阅相关资料，简单说明我国 3D 打印技术的发展存在哪些问题。

1.2 3D 打印技术的发展趋势

1. 3D 打印技术未来趋势之一——设备向大型化发展

纵观航空航天、汽车制造以及核电制造等工业领域，对钛合金、高强度钢、高温合金以及铝合金等大尺寸复杂精密构件的制造提出了更高的要求。现有的金属 3D 打印设备成型空间难以满足大尺寸复杂精密工业产品的制造需求，在某种程度上制约了 3D 打印技术应用范围的扩大。因此，开发大幅面金属 3D 打印设备将成为一个发展方向。

2. 3D 打印技术未来趋势之二——材料向多元化发展

3D 打印材料单一在某种程度上也制约了 3D 打印技术的发展。以金属 3D 打印为例，能够实现打印的材料仅为不锈钢、高温合金、钛合金、模具钢以及铝合金等几种常规材料。3D 打印仍然需要不断地开发新材料，使得 3D 打印材料向多元化发展，并能够建立相应的材料供应体系，这必将极大地拓宽 3D 打印技术的应用范围。

3. 3D 打印技术未来发展趋势之三——从地面到太空

美国国家航空航天局（NASA）是美国较早研究使用 3D 打印技术的部门，已利用 3D 打印技术生产出用于执行载人火星任务的太空探索飞行器（SEV）的零部件，并且探索在该飞行器上搭载小型 3D 打印设备，实现“太空制造”。“太空制造”是 NASA 在 3D 打印技术方向的重点投资领域。为实现“太空制造”，美国已在太空环境的 3D 打印设备、工艺及材料等领域开展了多个研究项目，并取得了多项重要成果。

4. 3D 打印技术未来发展趋势之四——助力深空探测

3D 打印技术的快速发展和远程控制技术为空间探测提供了新的思路。月面设施构件 3D 打印技术是利用月球原位资源，采用 3D 打印技术就地生产月面设施构件，是未来建立大型永久性月球基地的有效途径。该方法能够大大降低成本，并可利用月球基地的原位资源探索更远的空间目标。

5. 3D 打印技术未来发展趋势之五——走入千家万户

随着 3D 打印技术的不断发展与成本的降低，3D 打印走入千家万户不无可能：可以在家里给自己打印一双鞋子；在汽车里放一台 3D 打印机，当汽车的某个零件坏了，便可以及时打印一个零件换上，让汽车继续飞奔起来……

【想一想】

1. 3D 打印技术未来有哪些发展趋势？

2. 简单地说一说你对 3D 打印技术的期望。

学习活动3：课后提升

【拓展阅读】

目前，3D 打印技术的应用尚未完全展开的原因是，在打印速度、材料可得性、精确度以及操控方面尚存在诸多挑战。另外，在法律责任方面也还有争议。当然，鉴于 3D 打印技术未来可能产生的效益，克服这些困难的动力很足。例如，纳米技术的应用意味着 3D 打印的塑料制品很快就会成为传统制造业金属产品的最大竞争对手。

另外，用 3D 打印技术打印人类肾脏器官、房屋和汉堡（或其他食物），甚至在未来打印飞机，都是当下非常活跃的研究课题；而且部分房屋建筑已经研制成功，通过 3D 打印技术有助于减少传统混凝土需求量，减少不必要的碳排放，因此非常有利于对生态环境的保护。

3D 打印技术消除了传统的产品设计局限，能够更好地激发人们的创新潜能。例如，利用 3D 打印技术可以生产出用传统制造方法难以生产的产品；定制商品行业也得以开辟全新的市场，从而获利。3D 打印技术让生产过程更灵活，该技术可以帮助制造商迅速对市场做出反应；配件能够根据需要实时生产，而无须积压大量库存或应付复杂的供应链问题。

【想一想】

根据以上资料，结合自己对 3D 打印技术的了解，谈谈 3D 打印技术现阶段的优缺点。

第 2 章　认识 3D 打印技术

2.1　3D 打印技术的特点及分类

【教学目标】

知识目标：

1. 了解 3D 打印技术的特点。
2. 掌握 3D 打印技术的分类及相应特点。

能力目标：

1. 能够说出不同类型 3D 打印技术的特点。
2. 通过学习，能够说出现阶段 3D 打印技术的优缺点。
3. 了解 3D 打印机的成型技术。

素养目标：

1. 培养学生的分析能力，提升团队协作能力。
2. 提升学生对于 3D 打印技术的兴趣。

【思维导图】

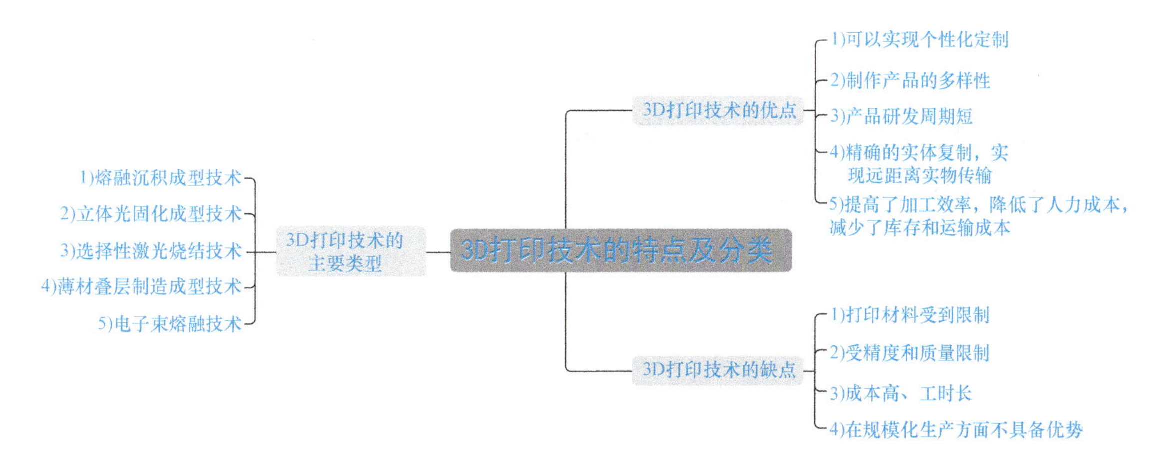

学习活动1：课前自学

【查一查】

1. 查阅相关资料，完成以下问题。

1）完成表 2-1。

表 2-1　3D 打印技术类型

序号	3D 打印技术类型	基本原理	属于什么成型技术
1	熔融沉积成型技术		
2	立体光固化成型技术		
3	选择性激光烧结技术		
4	薄材叠层制造成型技术		
5	电子束熔融技术		

2）3D 打印的主流技术类型有哪些？

3）3D 打印的哪种技术适合个人工作室使用？说明理由。

4）你所在的学校使用的是什么类型的 3D 打印机？

2. 查阅资料，简单写出 3D 打印技术的优缺点。

1）3D 打印技术的优点：

2）3D 打印技术的缺点：

【知识拓展】

3D 打印技术经过多年的发展，已基本形成了一套体系，其应用行业也逐渐扩大，从产品设计到模具设计与制造，材料工程、医学研究、文化艺术、建筑工程等领域都逐渐开始使用 3D 打印技术。可见，3D 打印技术有着广阔的前景，不断提高 3D 打印技术的应用水平是推动这项技术发展的重点。

【自学自测】

1. 3D 打印，属于__________的一种，它是一种以数字模型文件为基础，运用________状金属或________等材料，通过逐层堆叠累积的方式来构造物体的技术（即增材制造）。

2. FDM 式 3D 打印机由________、________和________三部分组成。

3. ________式 3D 打印机适用于口腔医疗、宝石加工等精密作业过程。其缺点是________，只有经过________过程才可以使用。

学习活动2：课中讲授

【相关知识】

1. 3D 打印技术的优缺点

（1）3D 打印技术的优点

1）可以实现个性化定制。3D 打印有利于设计、验证和纠正产品问题，改善工艺制造方案。它还能符合小批量生产的使用要求，易于响应消费者的个性化要求，有利于控制成本、避免风险。

伴随着 3D 打印技术的发展，3D 打印机的优点可以更多地展现出来，将会更好地服务于人们的生活。国内的许多知名的 3D 打印机制造商在中国 3D 打印机发展的道路上贡献着自己的一份力量，他们专注于 3D 打印机的研发和生产，产品线覆盖 FDM、SLA、SLM、DLP、SLS 等多个系列，拥有消费级、工业级、教育级 3D 打印机专利，致力于 3D 打印机的市场化应用，为个人、家庭、学校、企业提供高效实惠的

3D 打印综合方案。

2）制作产品的多样性。3D 打印不需要传统的刀具、夹具、机床或任何模具，就能直接把存储在计算机中的任意形状的三维模型生成实物产品，能达到较高的精度和很高的复杂程度，可以制造出采用传统方法制造不出来的、非常复杂的产品。

3）产品研发周期短。利用 3D 打印技术可以自动、快速、直接和比较精确地将计算机中的三维设计模型转化为实物，甚至可以直接制造零件或模具，从而有效地缩短了产品研发周期。

4）精确的实体复制，实现远距离实物传输。3D 打印能在数小时内成型，它让设计人员和开发人员使用 3D 打印机、摄像头和微控芯片以及传输系统在很短时间内实现从平面图到实物的飞跃。

5）提高了加工效率，降低了人力成本，减少了库存和运输成本。3D 打印不用剔除边角料，提高了材料的利用率，通过摒弃生产线而降低了生产辅助工装的成本；能打印出组装好的产品，从而大大降低了组装成本，甚至可以挑战大规模生产方式；供应链越短，从而污染源越少。

（2）3D 打印技术的缺点

1）成本高、工时长。目前，3D 打印仍是比较昂贵的技术。由于受打印材料的限制，用于增材制造的材料研发难度大而使用量不大等原因，导致 3D 打印的制造成本较高，而制造效率不高。

现阶段，3D 打印技术在我国主要应用于新产品研发，还不能取代传统制造业，在一段时期内，制造业发展中减材制造仍是主流。

2）在规模化生产方面尚不具备优势。3D 打印技术既然具有分布式生产的优点，那么在规模化生产方面就不具备优势。目前 3D 打印技术尚不具备取代传统制造业的条件，在大批量、规模化制造等方面，高效、低成本的传统减材制造更胜一筹。

现在看来，将 3D 打印技术应用于大规模生产还不太可能。目前，人们还无法利用 3D 打印技术直接生产像汽车这样复杂的混合材料产品，即使该技术在未来会取得长足进步，但完整地打印出一辆汽车可能要耗时好几个月，在成本上远远高于采用传统工艺大规模生产汽车的成本。

所以，对于有大量刚性需求的产品来说，具有规模经济优势的大规模生产仍比重点放在“个性化、定制化”的 3D 打印生产方式更加经济。

3）打印材料受到限制。3D 打印技术的局限和瓶颈主要体现在材料上。目前，打印材料主要是塑料、树脂、石膏、陶瓷、砂和金属等，非常有限。

尽管人们已经开发出许多能应用于 3D 打印的同质和异质材料，开发新材料的需求仍然存在，一些新材料正在研发中。这种需求包含两个层面：一是需要对已经得

到应用的材料—工艺—结构—特性关系进行深入研究，以明确其优点和限制；二是需要开发新的测试工艺和方法，以扩展可用材料的范围。

4）受精度和质量限制。由于 3D 打印技术固有的成型原理及发展还不完善，其打印成型零件的精度（包括尺寸精度、形状精度和表面粗糙度）、力学性能（如强度、刚度、抗疲劳性等）及物理化学性能等大多不能满足工程实际的使用要求，不能作为功能性零件使用，只能用作原型件，从而其应用将大打折扣。

而且，由于 3D 打印采用“分层制造，层层叠加”的增材制造工艺，层与层之间的结合再紧密，也无法和传统模具整体浇注成型的零件相媲美，而零件材料的微观组织和结构决定了零件的使用性能。

2. 3D 打印与传统制造方法的对比

与传统制造（减材制造）相比，3D 打印最大的特点是增材制造。3D 打印与传统制造的对比见表 2-2。

3. 3D 打印成型技术分类

3D 打印成型技术分类见表 2-3。

表 2-2　3D 打印与传统制造的对比

3D 打印	传统制造
多材料加工，适用范围广	大量制造，成本低
产品研发周期缩短	规格化减材制造
精确的实体复制，实现远距离实物传输	产品设计受模具限制
提高了加工效率，降低了人力成本，减少了库存和运输成本	手工制造
可以实现个性化制作	劳动密集

表 2-3　3D 打印成型技术分类

3D 打印成型技术	3D 打印机
熔融沉积成型技术	FDM 式 3D 打印机
立体光固化成型技术	SLA 式 3D 打印机 DLP 式 3D 打印机
选择性激光烧结技术	SLS 式 3D 打印机 SHS 式 3D 打印机 SLM 式 3D 打印机
薄材叠层制造成型技术	LOM 式 3D 打印机
电子束熔融技术	EBM 式 3D 打印机

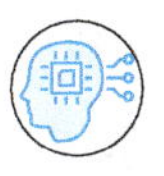

【复习反思】

列举 3D 打印机的特点。

【学习评价】

学习活动完成后，依据考核评价表（表 2-4），由小组、教师、企业三方进行评价。

表 2-4　考核评价表

评价项目	考核内容	考核标准	配分	小组评分	教师评分	企业评分	总评
学习活动完成情况（80 分）	学习活动分析	正确率 =100%，20 分 80% ≤正确率< 100%，16 分 60% ≤正确率< 80%，12 分 正确率< 60%，0 分	20				
	填表	合理，20 分 基本合理，10 分 不合理，0 分	20				
	回答问题	规范、熟练，20 分 规范、不熟练，10 分 不规范，0 分	20				
	自学自测	每空 2 分	20				
职业素养（20 分）	知识	复习	每违反 1 次，扣 5 分，扣完为止				
	纪律	不迟到、不早退、不旷课、上课时不玩游戏					
	表现	积极、主动、互助、负责、有改进和创新精神等					
	6S 规范	符合 6S 管理要求					
总分							
学生签名			教师签名				

学习活动3：课后提升

【拓展阅读】

3D 打印技术的应用

（1）建筑设计　在建筑行业中，工程师和设计师已经接受了由 3D 打印机打印的建筑模型，这种方法制作快速、成本低、环保、实物精美，完全符合设计者的要求，同时又能节省大量材料。

（2）医疗行业　西安市红会医院采用 3D 打印多孔型钛金属骨植入假体，治疗强直性脊柱炎患者骨折脱位，这在西北尚属首例；西安市第四医院开展“私人定

制”3D 打印置换肩关节，完成高难度置换术；西安交通大学第一附属医院设立 3D 打印医学研究与应用中心，标志着医工结合、强强联手的 3D 打印医学研究与应用中心正式落户陕西。

（3）汽车制造业　汽车行业在进行安全性测试等工作时，会将一些非关键部件用 3D 打印的产品替代，在追求效率的同时降低了成本。有朝一日，3D 打印汽车也将成为现实。

（4）产品原型　例如微软公司的 3D 模型打印车间，完成产品设计工作后，用 3D 打印机将模型打印出来，能够让设计制造部门更好地改良产品，进而打造出更出色的产品。

（5）文物保护　3D 打印技术在复原并保存历史文化方面具有重要意义，能还原文物的真实面貌，记录这些文物的历史，有效避免了人类对历史记忆的遗忘。例如，西安的秦始皇陵兵马俑刚刚出土的时候色泽亮丽，表情栩栩如生，如今早已失去刚刚出土时的风采，风化严重，鲜艳的色泽消失了，暗淡得如同黄泥。利用 3D 打印技术，可以在不接触文物的前提下通过立体扫描、数据采集、制作模型并打印等一系列步骤对文物进行修补甚至“复制”。

（6）食品产业　在食品行业，研究人员通过拓扑优化，使用 3D 打印开发口感更好的巧克力。将来很多食品也能用食品 3D 打印机“打印”出来。

【自学自测】

1. 3D 打印采用何种增材制造工艺？

2. 与传统制造（减材制造）相比，3D 打印最大的特点是＿＿＿＿＿＿＿＿。

3. 3D 打印技术的局限和瓶颈主要体现在材料上。目前，打印材料主要是＿＿＿＿＿、＿＿＿＿＿、＿＿＿＿＿、＿＿＿＿＿、＿＿＿＿＿和＿＿＿＿＿等，非常有限。

2.2 3D 打印技术原理

【教学目标】

知识目标：

1. 了解 3D 打印与传统打印的区别。
2. 掌握 3D 打印技术的基本原理。
3. 掌握典型 3D 打印技术 FDM 的原理。

能力目标：

1. 通过自主学习，能够分辨出不同类型的 3D 打印技术。
2. 通过教师讲授、自主学习，能够分析 3D 打印技术的原理。
3. 通过阅读相关资料，能够说出 FDM 的原理。

素养目标：

1. 增强学生的自我学习能力。
2. 提升学生对新知识的接收能力。

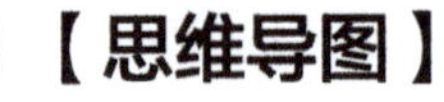

【思维导图】

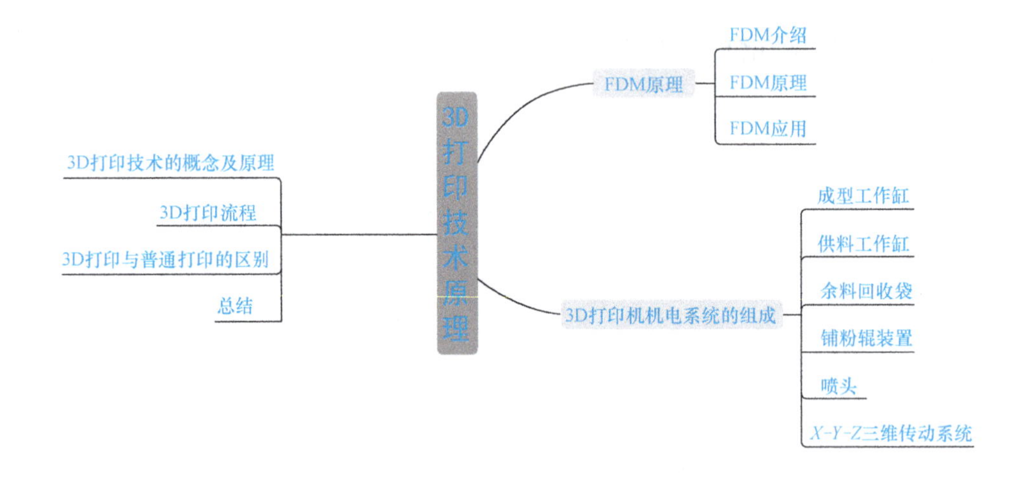

学习活动1：课前自学

【想一想】

3D 打印与普通打印有什么异同点？请完成表 2-5 的填写。

表 2-5　3D 打印与普通打印比较

	普通打印	3D 打印	备注
相同点			可在“提示”中进行选择及查阅资料分析
不同点			可在“提示”中进行选择及查阅资料分析
提示	①打印平面图形；②打印立体图形；③打印材料是墨水、纸张；④打印材料有塑料、尼龙、金属、陶瓷等；⑤使用墨水在纸上打印；⑥使用“打印材料”在平台上立体打印；⑦使用打印材料打印出需要的内容		

【查一查】

1. 简述 3D 打印技术的原理。

2. 简述 FDM 的原理以及机电系统结构。

【知识拓展】

1. 3D 打印机机电系统主要由__________、__________、__________、__________、_______组成。

2. 3D 打印材料有哪些？

3. 3D 打印技术除 FDM 技术之外还有哪些？

学习活动2：课中讲授

【相关知识】

1. 3D 打印技术的概念及原理

3D 打印技术（3D Printing）即三维印刷技术，属于增材制造，是一种材料累加的制造技术，是快速成型技术中的一种。它是一种以三维模型为基础，用粉末状金属或塑料等可黏合材料，通过逐层打印的方式来构造物体的技术。这种材料累加制造技术的全过程可以描述为离散 / 堆积。

2. 3D 打印流程

首先需要设计一个三维 CAD 模型并输入计算机，或者通过三维反求方式得到一个三维实体模型并直接输入计算机；然后计算机处理系统将得到的三维模型以一定的高度分层，得到每层二维平面图形的信息（离散）；计算机控制系统把从模型中获得的几何信息与成型参数信息相结合，将其转换为控制成型机工作的数控（NC）代码，加工得到不同层次的平面样件，同时将二维平面样件有规律、精确地叠加起来（堆积），从而构成三维实体零件。

3. 3D 打印与普通打印的区别

3D 打印与普通打印的区别主要在于打印出来的产品维度不同，3D 打印机内装有金属、陶瓷、塑料、砂等“打印材料”，是实实在在的原材料，打印机与计算机连接后，通过计算机控制可以把“打印材料”一层层地叠加起来，最终把计算机中的蓝图变成立体的、真实的物体；而普通打印机的打印材料是墨水和纸张，只能打印出平面图形。

4. FDM 原理

熔融沉积成型（Fused Deposition Modeling，FDM）的基本原理如下：熔融沉积是将丝状的热熔性材料加热熔化，通过一个带有微细喷嘴的喷头喷挤出来；加热喷头在数据文件的控制下，根据产品零件的截面轮廓信息，做 *XY* 平面运动，热塑性丝状材料由供丝机构送至热熔喷头，并在喷头中加热和熔化成半液态，然后被挤压出来，有选择性地涂覆在工作台上，快速冷却后形成一层 0.025 ～ 0.762mm 厚度的薄片轮廓。一层截面成型完成后， 工作台下降一定高度（或平台不变，打印头提升一定高度），再进行下一层的熔覆，好像层层“画出”截面轮廓，如此循环，最终形成三维产品零件。

5. FDM 打印使用的材料

FDM 工艺使用的原材料为热塑性材料，如 ABS（丙烯腈、丁二烯和苯乙烯的共聚物）、PC（聚碳酸酯）、PLA（生物降解塑料聚乳酸）等丝状材料。

6. 3D 打印机机电系统的组成

3D 打印机机电系统主要由成型工作缸、供料工作缸、余料回收袋、铺粉辊装置、喷头、传动系统组成。

成型工作缸：在缸中完成零件制作，工作缸每次下降的距离即为层厚。零件制作完后，工作缸升起，以便取出制造好的工件，并为下一次加工做准备。工作缸的升降由伺服电动机通过滚珠丝杠驱动。

供料工作缸：提供成型与支撑粉末材料。

余料回收袋：安装在成型机壳内，用于回收铺粉时多余的粉末材料。

铺粉辊装置：包括铺粉辊及其驱动系统。其作用是把粉末材料均匀地铺平在工作台上，并在铺粉的同时把粉料压实。

喷头：在工作缸内喷射成型时使用的黏结剂，黏结不同层之间的粉料，是 3D 打印快速成型的关键部件。

X-Y-Z 三维传动系统：带动喷头小车在 *XY* 方向做二维平面运动，驱动成型工作缸和供料工作缸在 *Z* 轴方向做上下运动。

【写一写】

1. 简述 FDM 打印机的工作原理。

2. 简述 FDM 打印机的打印基本流程。

3. FDM 打印机的原材料有哪些？

4.3D 打印机机电系统的组成有哪些？

【学习评价】

学习活动完成后，依据考核评价表（表 2-6），由小组、教师、企业三方进行评价。

表 2-6　考核评价表

评价项目	考核内容	考核标准	配分	小组评分	教师评分	企业评分	总评
学习活动完成情况（80 分）	学习活动分析	80% ≤正确率 =100%，20 分 80% ≤正确率＜ 100%，16 分 60% ≤正确率＜ 80%，12 分 正确率＜ 60%　0 分	20				
	填表	合理，20 分 基本合理，10 分 不合理，0 分	20				
	回答问题	规范、熟练，20 分 规范、不熟练，10 分 不规范，0 分	20				
	自学自测	每空 2 分	20				
职业素养（20 分）	知识	复习	每违反 1 次，扣 5 分，扣完为止				
	纪律	不迟到、不早退、不旷课、上课时不玩游戏					
	表现	积极、主动、互助、负责、有改进和创新精神等					
	6S 规范	符合 6S 管理要求					
总分							
学生签名			教师签名				

学习活动3：课后提升

查阅资料，了解其他 3D 打印技术的原理。

2.3　3dStart 软件和 CAD-STL 数据转换

【教学目标】

知识目标：

1. 根据 Einstart 3D 打印机用户手册自学打印机使用方法。

2. 通过查阅资料或在软件中寻找其他三维软件导出 STL 格式文件的方法。

3. 学会 SD 卡离线打印方法。

能力目标：

1. 培养学生的分析能力，提升团队协作能力。

2. 培养学生自己动手的能力。

素养目标：

1. 通过科学思维方法的训练和教育，培养学生探索未知、追求真理、勇攀科学高峰的责任感和使命感。

2. 强化工程伦理教育，培养学生精益求精的大国工匠精神，激发学生科技报国的家国情怀和使命担当。

【思维导图】

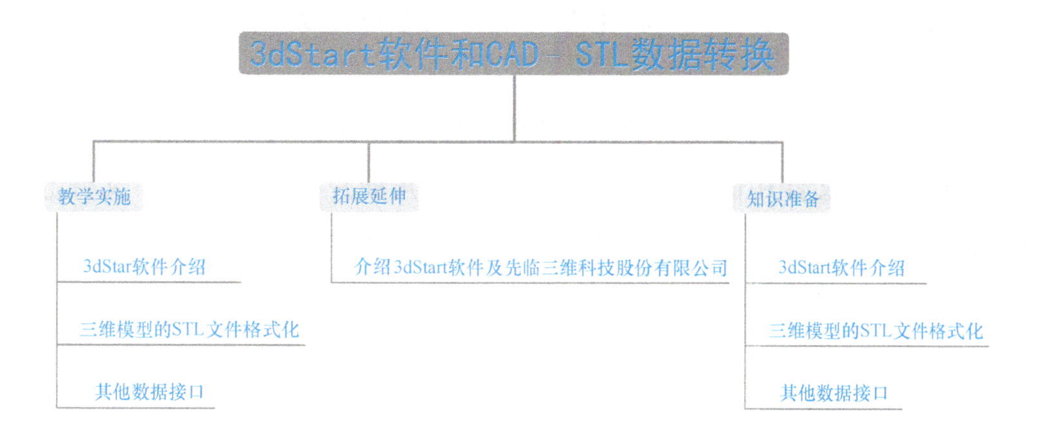

学习活动1：课前自学

【查一查】

1. 什么是切片软件？切片软件与同类软件相比有哪些优势？

2. 常用的三维软件是如何导出 STL 格式文件的？

3. 查一查，除了连接计算机完成 3D 打印之外，还可以用什么方法完成 3D 打印工作？

【知识拓展】

熟悉 3D 打印流程的人都知道，在建立了 3D 模型以后要进行切片，那么，什么是切片呢？切片实际上就是将 3D 模型转化为 3D 打印机本身可以执行的代码，如 G 代码、M 代码等。3dStart 软件就是先临三维科技股份有限公司开发的专业切片软件。

3dStart 软件支持 Windows XP 32bit、Win7 32bit/64bit 操作系统，其操作界面简洁、功能全面，能够快速完成打印工作，适合大多数人使用，能很好地适应不同的工作环境。

【自学自测】

1）切片实际上就是将_______转化为 3D 打印机本身可以执行的代码，如 G 代码、M 代码等。

2）STL 文件有两种：一种是 ASCII 明码格式，另一种是_______格式。

3）二进制 STL 文件用固定的字节数来给出三角面片的几何信息。文件起始的 80 个字节是文件头，用于_______；紧接着用 4 个字节的整数来描述模型的_______，后面逐个给出每个三角面片的_______。

学习活动2：课中实训

【相关知识】

1. 了解 3dStart 软件

打开软件中的应用程序 3dStart.exe，弹出主界面，主界面主要包括菜单区、功能区、信息栏、快捷向导、视图区和状态区。

2. 运用 3dStart 软件完成打印

（1）菜单区　主要用于模型文件的新建、打开及保存，如图 2-1 所示。

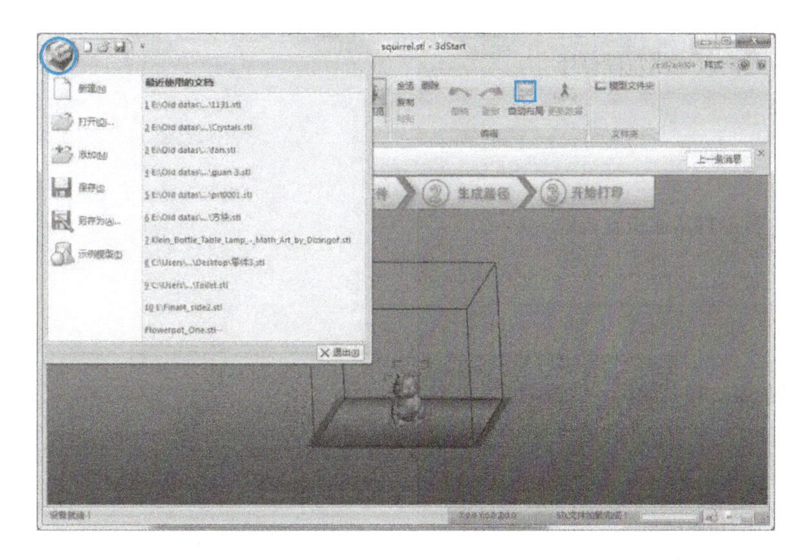

图 2-1　菜单区

（2）功能区　包含两个页面：“主页”和“设置”。

“主页”界面如图 2-2 所示，其中的命令见表 2-7。

图 2-2　“主页”界面

表 2-7　“主页”界面命令与符号对照表

命令	符号
连接设备或断开连接	断开连接 安全关机 连接与断开
安全关机	断开连接 安全关机 连接与断开
生成路径	生成路径 路径生成

（续）

命令	符号
开始打印或暂停打印	开始打印 暂停打印 打印
暂停打印或恢复打印	开始打印 暂停打印 打印
设备控制、模型编辑、快捷浏览	设备控制 模型编辑 快捷浏览 面板
模型编辑菜单	全选 删除 复制 粘贴 撤销 重做 自动布局 更新数据 编辑
模型文件夹	模型文件夹 文件夹

“设置”界面如图 2-3 所示，其中的命令见表 2-8。

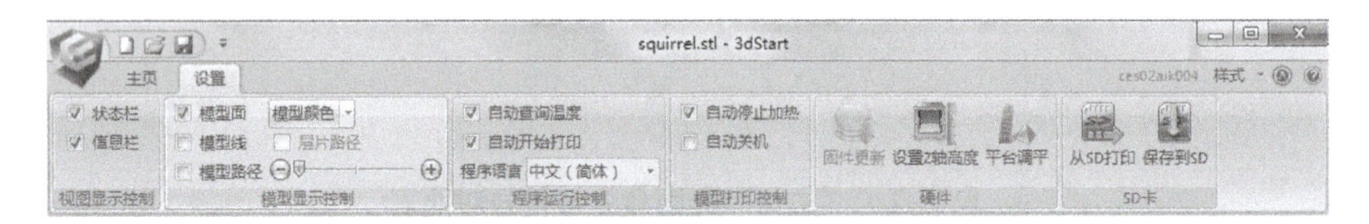

图 2-3 “设置”界面

表 2-8 “设置”界面命令与符号对照表

命令	符号
视图显示控制	状态栏 信息栏 视图显示控制
模型显示控制 1）显示或隐藏模型路径 2）显示或隐藏层片路径 3）显示或隐藏模型面 4）显示或隐藏模型线 5）设置模型颜色	模型面 模型颜色 模型线 层片路径 模型路径 模型显示控制

（续）

命令	符号
程序运行控制 1）自动查询温度 2）自动开始打印 3）程序语言显示	自动查询温度 自动开始打印 程序语言 中文（简体） 程序运行控制
模型打印控制 1）打印完成后是否自动停止加热 2）打印完成后是否自动关机	自动停止加热 自动关机 模型打印控制
硬件 1）固件更新 2）设置 Z 轴高度 3）平台调平	固件更新 设置Z轴高度 平台调平 硬件
SD 卡 1）从 SD 打印 2）保存到 SD	从SD打印 保存到SD SD卡

“主页”面板区中包括“设备控制面板”“模型编辑面板”和“快捷浏览”。

1）设备控制面板。软件与设备之间连接后，只有在“设备就绪”状态下才可对设备进行控制。单击面板区底端的“设备控制面板”，或在“主页”中单击“设备控制”按钮，即可打开“设备控制面板”（图 2-4）。

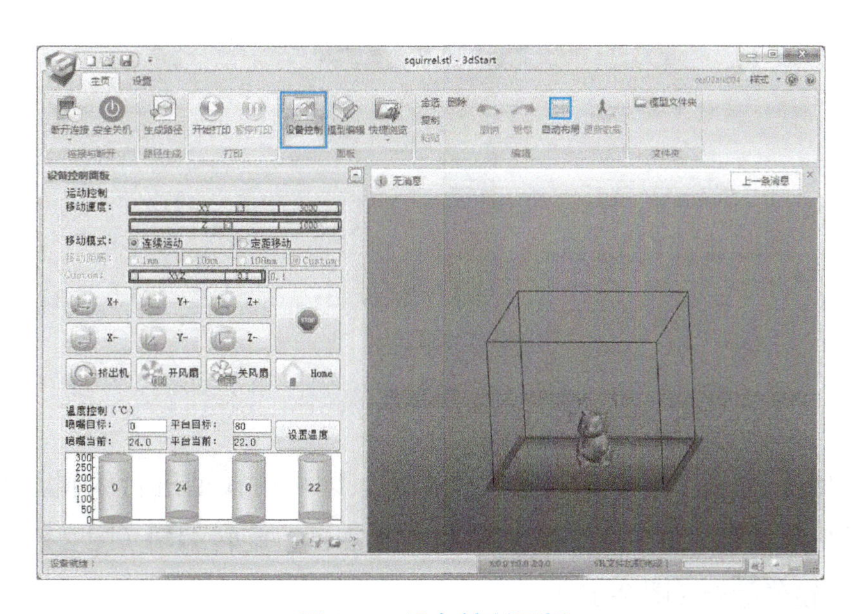

图 2-4　设备控制面板

“设备控制面板”能实现的功能见表 2-9。

表 2-9　设备控制面板命令与符号对照表

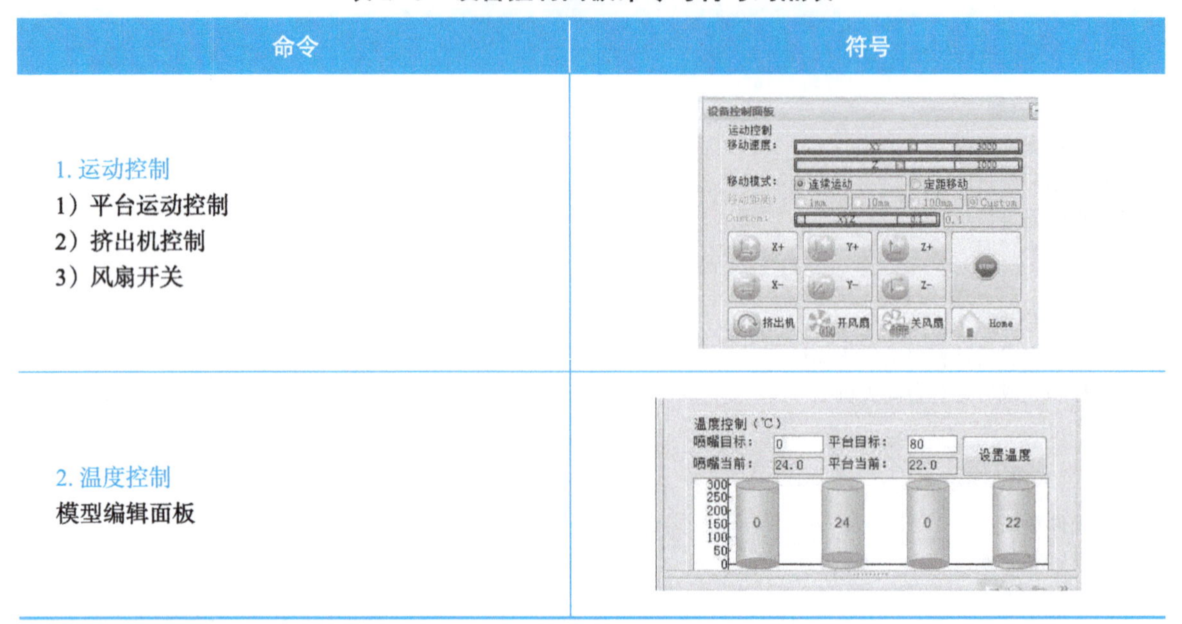

命令	符号
1. 运动控制 1）平台运动控制 2）挤出机控制 3）风扇开关	
2. 温度控制 模型编辑面板	

2）快捷浏览。“快捷浏览”面板下可快速地浏览 STL 模型，当数据越来越多时，“快捷浏览”将很有用处。在左边的“文件树”中选中一个 STL 文件后，右边的视图区将显示该文件，如图 2-5 所示。

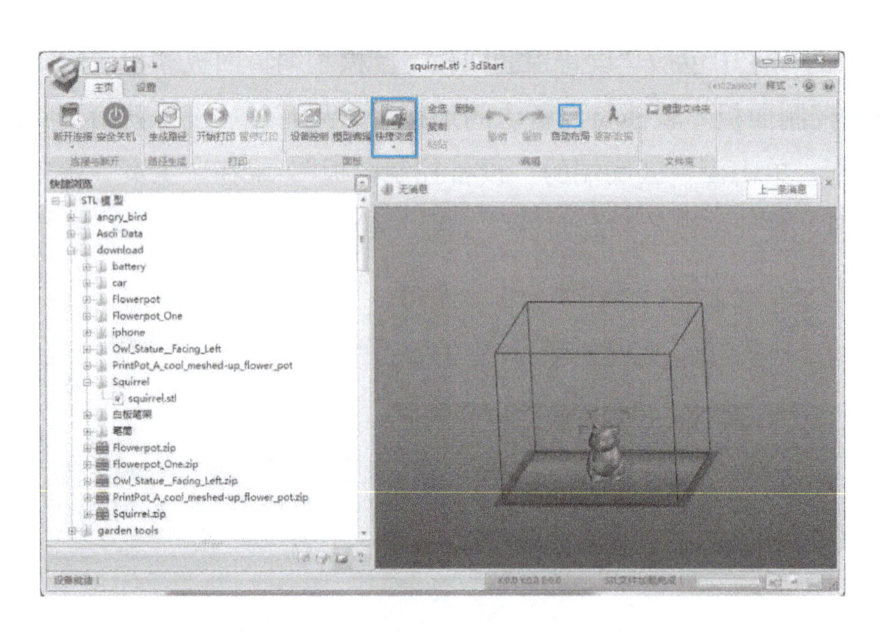

图 2-5　快捷浏览面板

3）模型编辑面板（图 2-6）。导入模型后，即可对模型进行编辑。模型编辑面板主要包括视角编辑（图 2-7）、移动编辑（图 2-8）、旋转编辑（图 2-9）、缩放编辑（图 2-10）和镜像编辑（图 2-11）。

移动编辑有如下几种形式：打印模型前，必须确保模型在打印平台上，单击“到平台”，可将模型移至平台上；单击“到中心”，可将模型移至平台正中（图 2-8）。

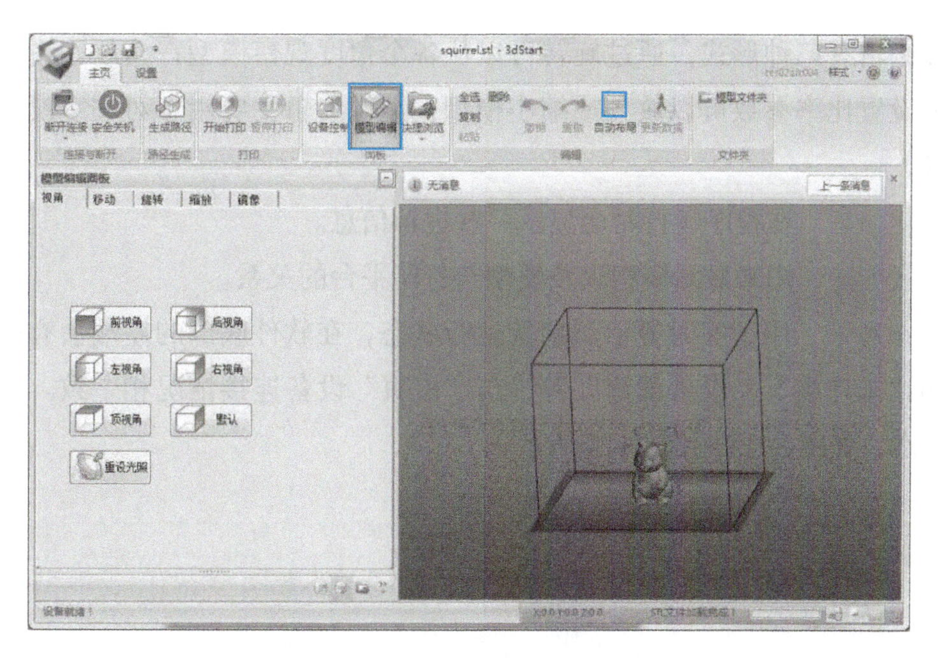

图 2-6　模型编辑面板

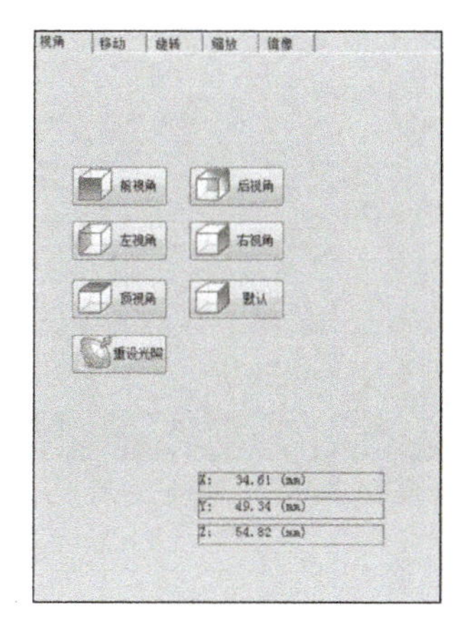

图 2-7　视角编辑

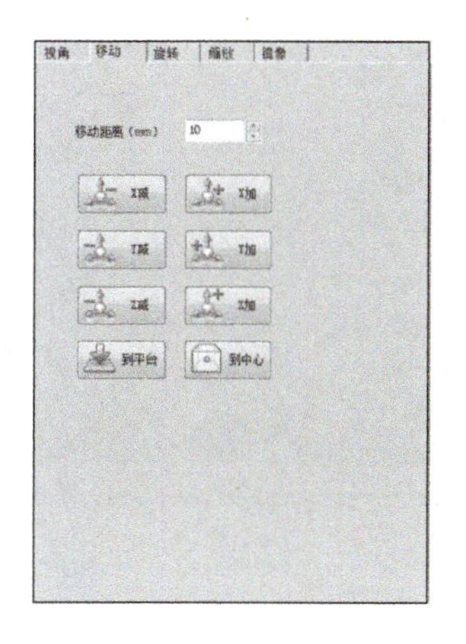

图 2-8　移动编辑

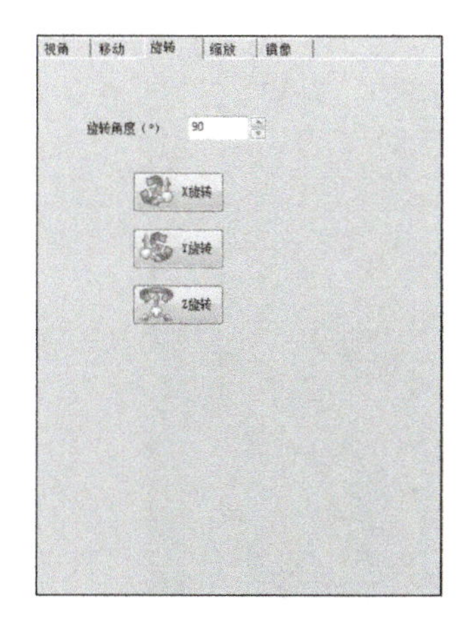

图 2-9　旋转编辑

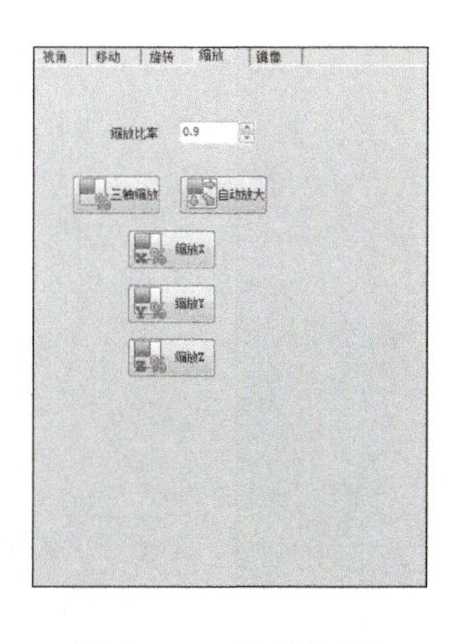

图 2-10　缩放编辑

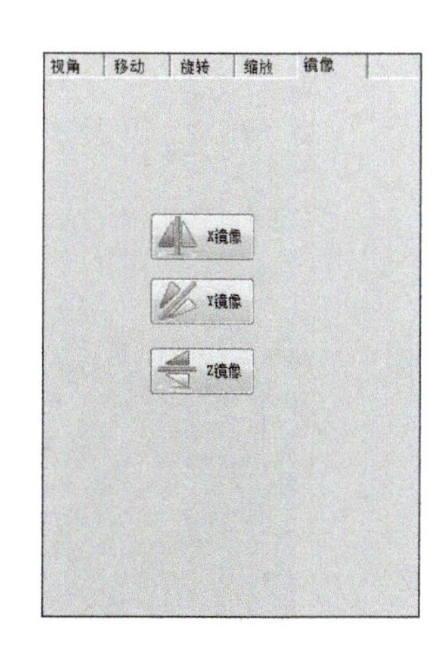

图 2-11　镜像编辑

旋转编辑有三种形式，通过旋转可以从各个角度观察模型；缩放编辑有两种形式，通过设置比率参数可以放大或缩小模型；镜像编辑主要用于对文字设计效果等进行编辑。

（3）信息栏　在程序运行时会显示一些提示信息。

（4）视图区　用来显示模型以及模型与打印平台的关系。

（5）状态区　用于实时显示目前的运行状态，在软件底部的左端会有一些文字提示，如“未连接”“设备就绪”等，与“主页”设备连接情况相一致。主要有三种连接状态，如图 2-12 ～图 2-14 所示。

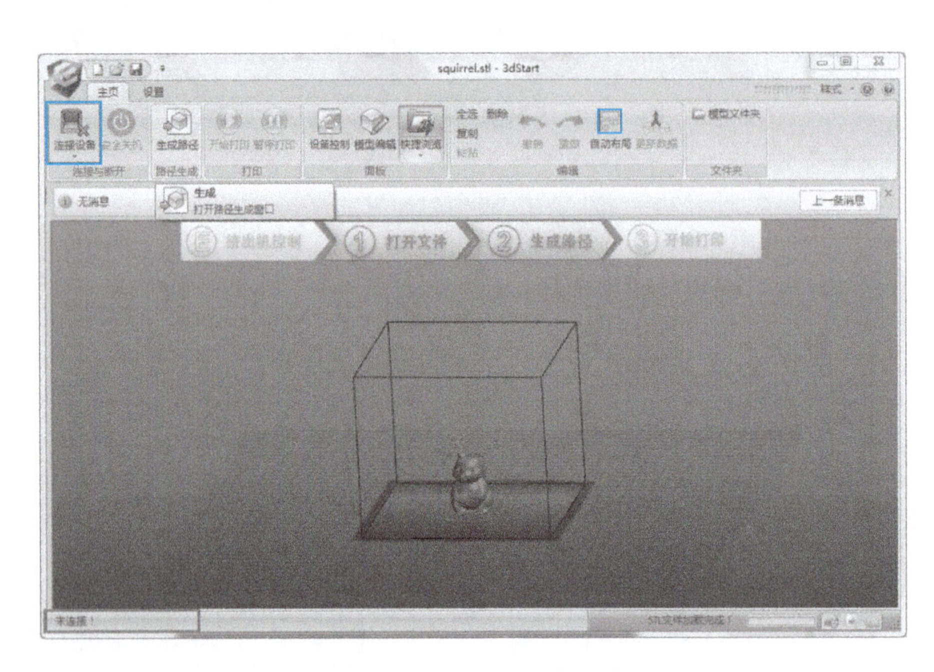

图 2-12　未连接设备状态

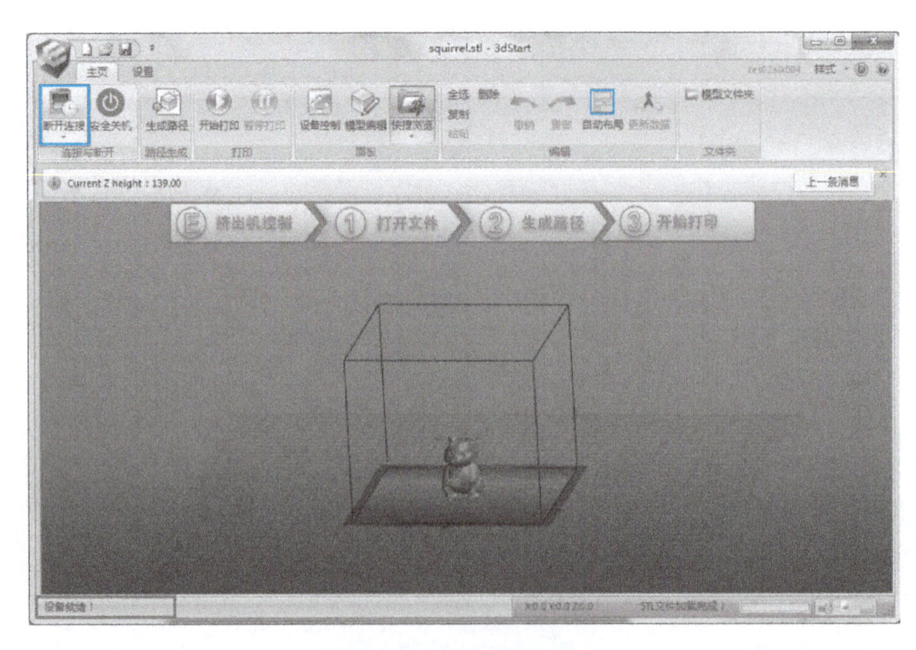

图 2-13　设备就绪状态

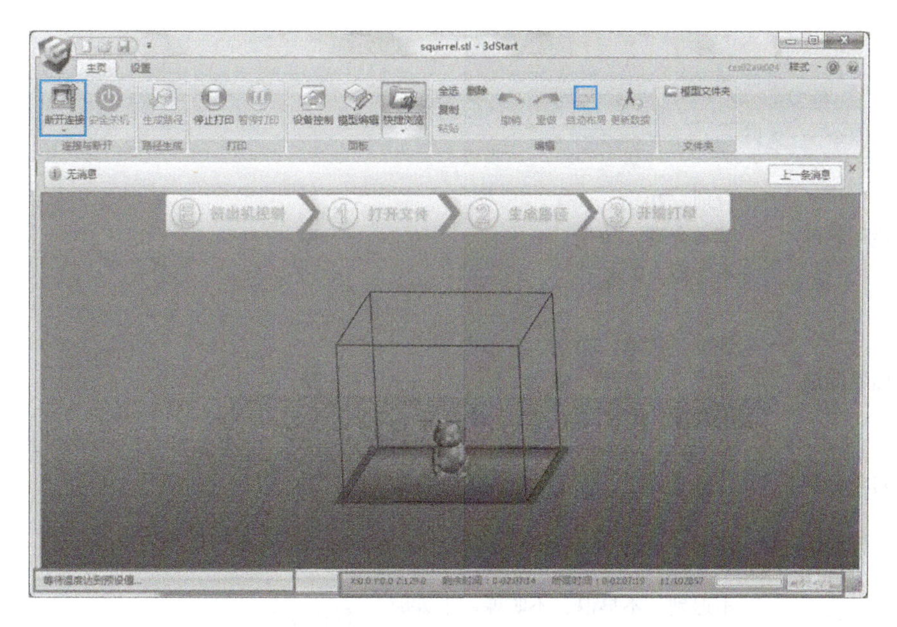

图 2-14　打印中状态

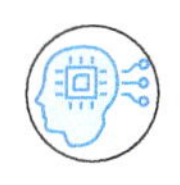

【复习反思】

1. 在 3dStart 软件使用中，有哪些参数在实际加工中缺乏标准化程序？

2. 列举在其他三维软件中转换 STL 格式时可能出现的问题。

【学习评价】

学习活动完成后，依据考核评价表（表 2-10），由小组、教师、企业三方进行评价。

表 2-10　考核评价表

评价项目	考核内容	考核标准	配分	小组评分	教师评分	企业评分	总评
学习活动完成情况（80 分）	学习活动分析	正确率 =100%，20 分 80% ≤正确率＜ 100%，16 分 60% ≤正确率＜ 80%，12 分 正确率＜ 60%，0 分	20				

（续）

评价项目	考核内容	考核标准	配分	小组评分	教师评分	企业评分	总评
学习活动完成情况（80 分）	使用软件	合理，20 分 基本合理，10 分 不合理，0 分	20				
	回答问题	规范、熟练，20 分 规范、不熟练，10 分 不规范，0 分	20				
	自学自测	每空 2 分	20				
职业素养（20 分）	知识	复习	每违反 1 次，扣 5 分，扣完为止				
	纪律	不迟到、不早退、不旷课、上课时不玩游戏					
	表现	积极、主动、互助、负责、有改进和创新精神等					
	6S 规范	符合 6S 管理要求					
总分							
学生签名			教师签名				

学习活动3：课后提升

【拓展阅读】

先临三维科技股份有限公司简介

先临三维科技股份有限公司成立于 2004 年，是国内 3D 打印行业的龙头公司，拥有自主研发的“从 3D 数字化设计到 3D 打印直接制造”一体化的完整技术链。该公司现已拥有 3D 数字化和 3D 打印设备两大核心产品线，提供数字化、定制化、智能化的“3D 数字化—智能设计—3D 打印”智能制造完整解决方案，应用于高端制造、精准医疗、定制消费和启智教育四大领域。

“3D 造”是杭州先临三维云打印技术有限公司旗下的 3D 打印云平台，是一家供众多 3D 创客汇聚、学习、交流和分享的网站，是未来中国创新力培养的学校，是该公司打造的“互联网 +3D 打印”生态圈的核心组成部分。

该公司致力于成为具有全球影响力的 3D 数字化和 3D 打印技术企业，以实现复杂结构产品的柔性化生产，助力制造业高质量发展，深化在高端制造、精准医疗、

定制消费等领域的应用，力争在 3D 数字化与 3D 打印技术的领先性和独特性方面占据全球范围内的重要地位。

2.4　3D 打印机的主要技术工艺（Einstart）简介

【教学目标】

知识目标：

1. 掌握 3D 打印机的结构特点。
2. 掌握 3D 打印机的结构分类及相应特点。
3. 掌握 3D 打印机的主要技术工艺。

能力目标：

1. 能够说出 3D 打印机的结构特点。
2. 通过学习，能够说出 3D 打印机的结构分类及优缺点。
3. 了解 3D 打印机的主要技术工艺。

素养目标：

1. 培养学生分析问题的能力和理解能力。
2. 提高学生对于 3D 打印设备技术工艺的了解程度。

学习活动1：课前自学

【查一查】

1. 3D 打印机由哪几个部分组成？

2. 3D 打印机的技术类型有哪些？

3. SLA 工艺打印过程主要分为哪几步？

学习活动2：课中讲授

【思维导图】

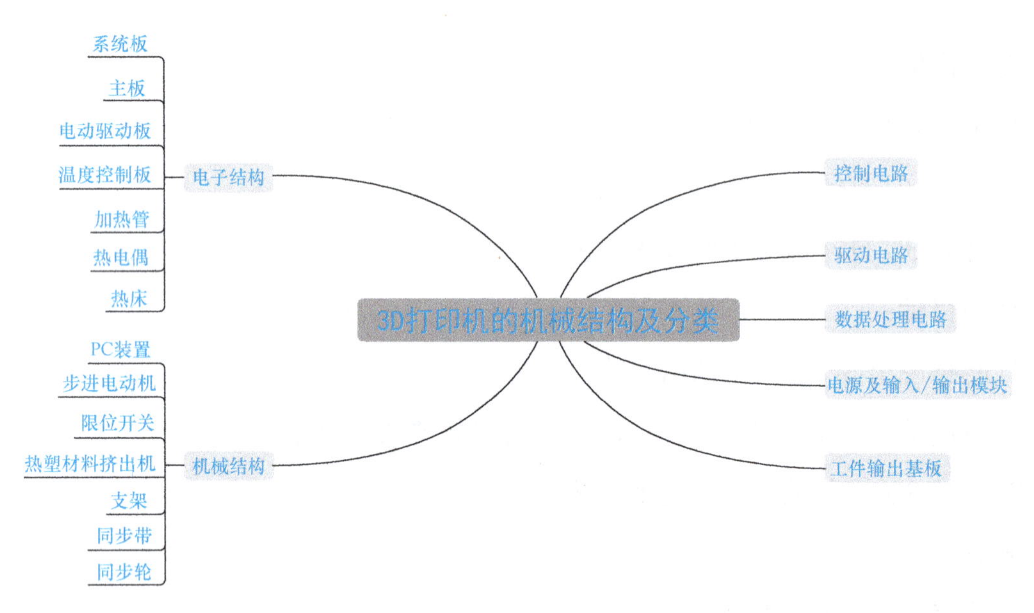

2.4.1 Einstart 机械结构

Einstart 3D 打印机的外观如图 2-15 所示，*X-Y-Z* 三维传动系统如图 2-16 所示。

Einstart 机械结构包括 PC 装置、步进电动机、限位开关、热塑材料挤出机、支架、同步轮、同步带等。

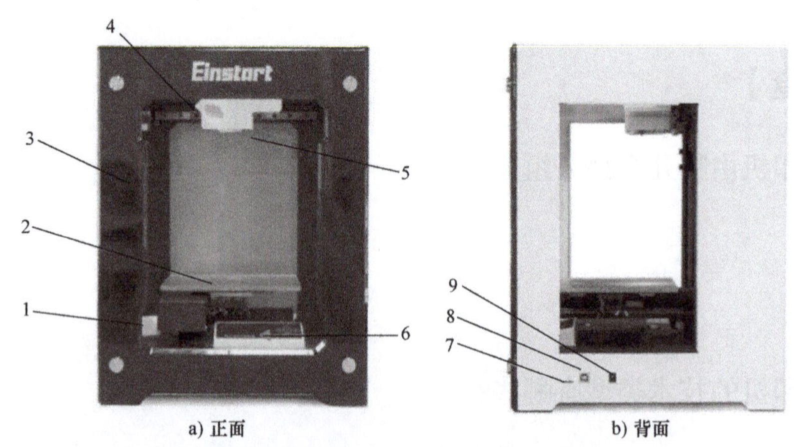

图 2-15 Einstart 3D 打印机外观

1—料盘架 2—打印平台 3—框架 4—散热风扇 5— 打印头（喷嘴） 6—操作面板
7—SD 卡座 8—USB 插座 9—电源接口

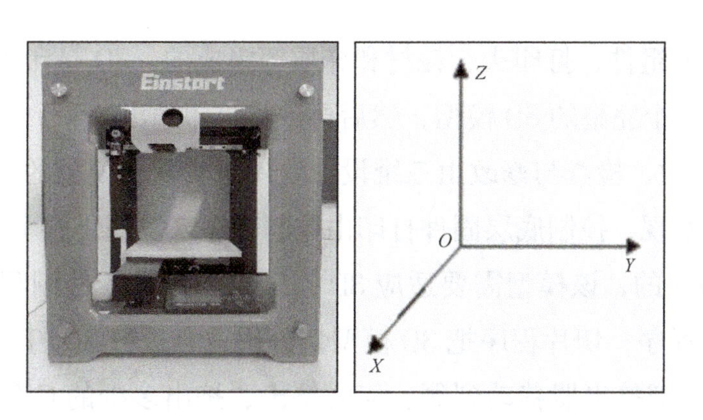

图 2-16　使用打印平台组成 *X*-*Y*-*Z* 三维传动系统

机械结构主要负责响应软件的控制和电子元器件的输出，执行打印，控制器主板连接 3D 打印机所需要的硬件到微控制器。主板应能搭载大负载的转换硬件，以便转换到打印平台和挤出器加热端的高电流环境。主板既要能读入温度传感器的输入信号，又要能从大电流电源生成整个系统的能源集线器。主板与每个轴的限位开关进行交互，并在打印前对打印头进行精准定位。微控制器既可以和主板集成在一起，也可以分离开来，它可以读取并解析温度传感器、限位开关等传感器，也可以通过电机驱动器控制电动机，并转换成高负载通过 MOSFETs 晶体管电路。微控制器用分离的步进电动机驱动器来控制电动机，它用 Arduino 开源硬件作为基础部件。电源采用 ATX 电源等进行供电，电压为 12 ～ 24V，电流在 8A 以上，整个打印机的最大耗电部件是热塑材料挤出机和打印平台。

2.4.2　Einstart 电子结构

Einstart 电子部分主要由系统板、主板、电动机驱动板、温度控制板、加热管、热电偶、热床等构成，主要负责控制机械部分的工作。

3D 打印机的工作流程如图 2-17 所示。首先使用 3dStart 软件创建物体模型，如果有现成的模型，可通过 SD 卡或者 U 盘把它复制到 3D 打印机中，完成打印设置后，打印机就开始运作并完成打印。3D 打印机的工作原理和传统打印机基本相同，都是

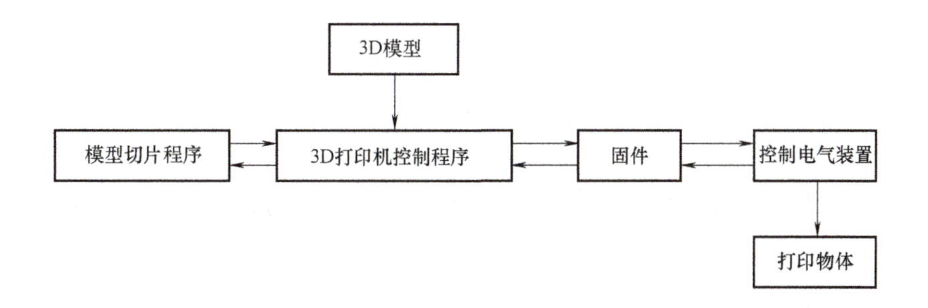

图 2-17　3D 打印机的工作流程

由控制组件、机械组件、打印头、耗材和介质等组成的。3D 打印机主要是打印前在计算机中设计了一个完整的 3D 模型，然后再进行打印输出。

3D 模型的构建、检查与修改由三维设计软件来实现，模型的切片及刀具路径计算由切片软件来实现，控制底层固件打印由控制程序来实现。整个过程从 3D 模型开始，它是 STL 格式的，该模型需要适应 3D 打印机的尺寸。控制程序获取 3D 模型，并把它送给切片程序；切片程序把 3D 模型切分成适合进行 3D 打印的切片，这个过程告诉 3D 打印机把挤出器移动到哪、何时挤出、挤出多少的 G 代码，这些 G 代码被打印机控制软件发送给微控制器上的固件。固件是装载在微控制器中的特殊程序代码，负责解析从打印机控制程序发来的 G 代码指令，控制所有的电子元器件（包括步进电动机和加热器）。固件根据从控制程序发来的指令构建 3D 模型，并把温度、位置和其他信息发送给控制程序。

详细工艺过程如下：

1）连接电源，接上 USB 通信线。

2）根据向导提示安装驱动程序和打印软件。此步骤只需在同一台计算机上执行一次，安装成功后，下次便无须安装。

3）打开应用程序 3dStart.exe。

4）等待自动连接成功。当计算机连接了多台设备时，可以从“设备列表”中指定一台设备进行连接，如图 2-18 所示。

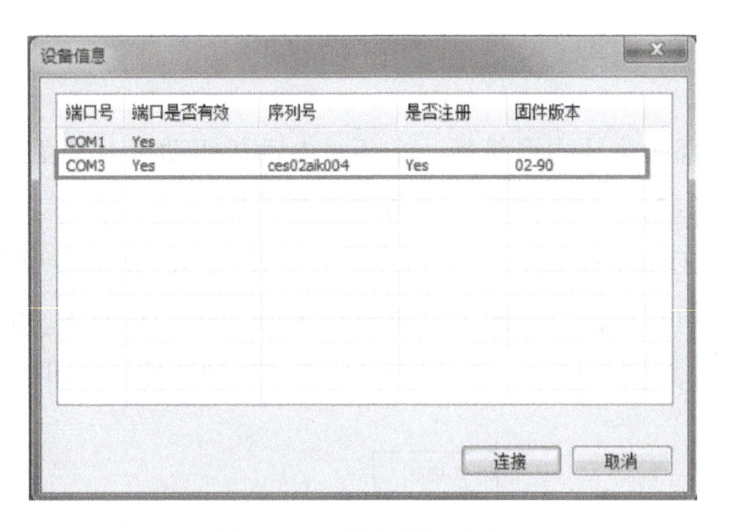

图 2-18　设备选择列表

5）检查 3D 打印机是否相对水平；检查喷头是否清洁，如果喷头上有残留物，应先清洁喷头表面。

6）打开模型文件，有如下几种方式（图 2-19）：

① 单击“主按钮”→“打开”，然后在“打开文件”对话框中选择一个文件

打开。

② 单击“主按钮”→“最近使用的文档”，再从列表中选中一个文件打开。

③ 单击“主按钮”→“示例模型”，再从示例模型列表中选中一个文件打开。

④ 用鼠标拖动 STL 文件，放入程序视图区域打开。

7）在生成路径前，根据需求对 STL 文件进行移动、旋转、缩放、镜像等操作，操作完毕后单击“保存”按钮保存文件。

注意：应确保模型在打印平台上，否则无法进行下一步操作。可以通过“模型编辑面板”→“移动”→“到平台”，使模型刚好打印到平台上（图 2-20）。

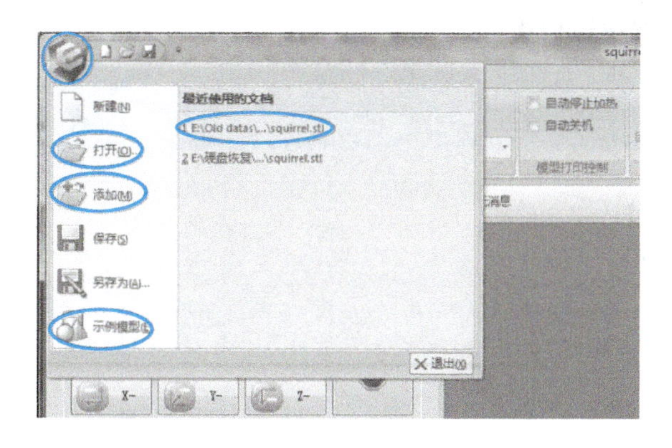

图 2-19　打开模型文件的方式

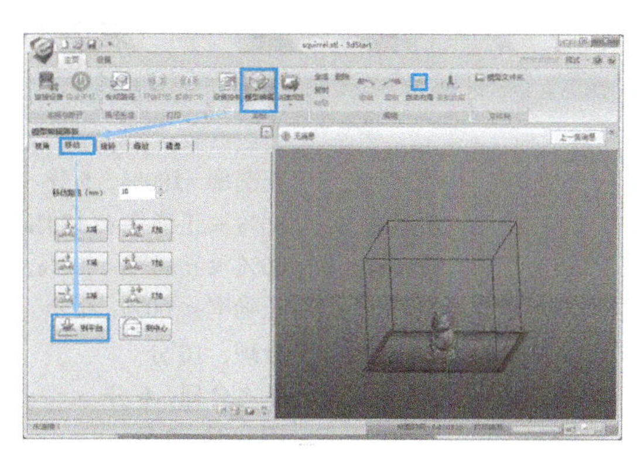

图 2-20　打印到平台步骤

8）生成路径，步骤如下（图 2-21）：

① 单击“主页”中的“生成路径”按钮。

② 在弹出的“路径生成器”对话框中选择所需的路径生成配置。

③ 单击“开始生成路径”按钮。如果模型已经生成过路径，再次生成路径时，将覆盖上一次生成的路径文件。

在生成路径过程中，可以单击“停止生成”按钮，停止路径生成（图 2-22）。

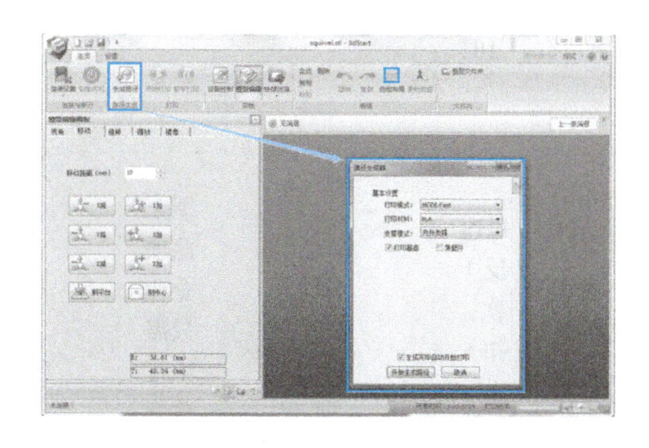

图 2-21　生成路径

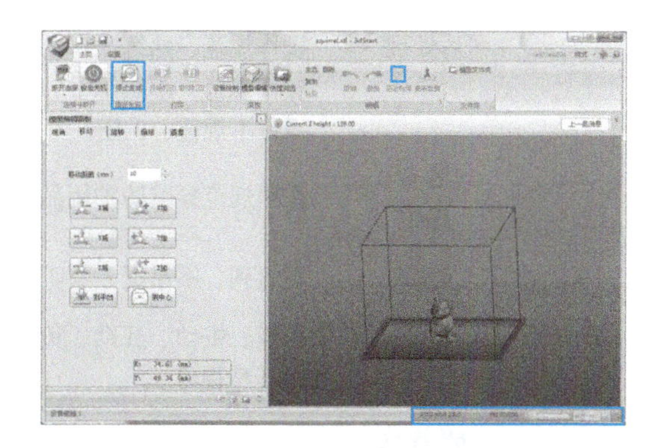

图 2-22　停止路径生成

路径生成结束，加载路径完成后，将显示打印这个模型所需的时间（图 2-23）。

图 2-23　路径文件加载完成

9）开始打印。

【学习评价】

学习活动完成后，依据考核评价表（表 2-11），由小组、教师、企业三方进行评价。

表 2-11　考核评价表

评价项目	考核内容	考核标准	配分	小组评分	教师评分	企业评分	总评
学习活动完成情况（80 分）	学习活动分析	正确率 =100%，5 分 80% ≤正确率＜ 100%，4 分 60% ≤正确率＜ 80%，3 分 正确率＜ 60%，0 分	5				
	设计	合理，10 分 基本合理，6 分 不合理，0 分	10				
	建模	规范、熟练，10 分 规范、不熟练，5 分 不规范，0 分	10				
	数据处理	参数设置正确，20 分 参数设置不正确，0 分	20				
	打印成型	操作规范、熟练，10 分 操作规范、不熟练，5 分 操作不规范，0 分	25				
		加工质量符合要求，20 分 加工质量不符合要求，0 分					
	后处理	处理方法合理，5 分 处理方法不合理，0 分	10				
		操作规范、熟练，10 分 操作规范、不熟练，5 分 操作不规范，0 分					
职业素养（20 分）	劳动保护	按照规范穿戴防护用品	每违反 1 次，扣 5 分，			注：此项企业只需填写总分	
	纪律	不迟到、不早退、不旷课					
	表现	积极、主动、互助、负责、有改进和创新精神等					
	6S 规范	符合 6S 管理要求					
总分							
学生签名			教师签名				

学习活动3：课后提升

使用 Einstart3D 打印机和 3dStart 打印软件做出口哨成品（图 2-24）并上交，要求没有毛刺、表面光滑。

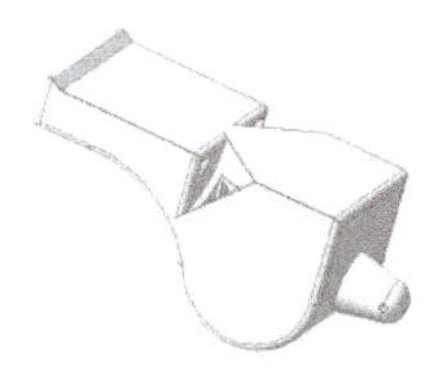

图 2-24　口哨

第 3 章　认识 3D 打印材料

【教学目标】

知识目标：

1. 了解 3D 打印常用材料。
2. 了解 3D 打印材料性能。
3. 掌握 3D 打印材料在主流领域的应用方式等。

能力目标：

1. 通过阅读相关资料，能够说出 3D 打印常用材料。
2. 能够说出 3D 打印材料的性能。
3. 能正确理解 3D 打印材料的应用。

素养目标：

1. 提高学生收集信息的能力。
2. 提升学生的分析能力、团队协作能力。
3. 培养学生对增材制造的兴趣，激发学生的求知欲。
4. 激发学生对智能制造的兴趣。

【思维导图】

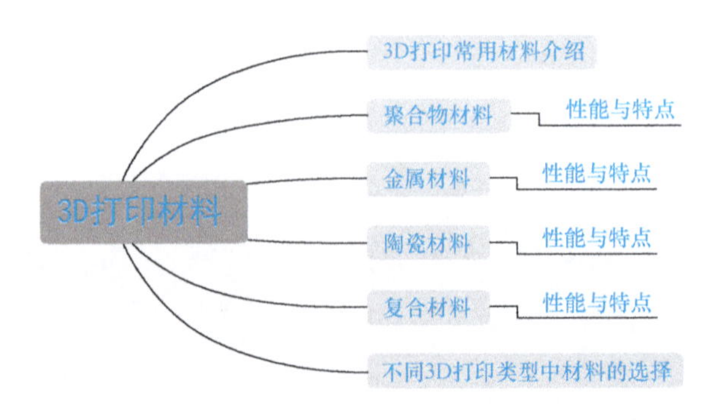

学习活动1：课前自学

【想一想】

列举你在生活、学习中使用物品的制作材料，完成表 3-1。

表 3-1　3D 打印材料

序号	物品	制作材料	备注
1			
2			
3			
4			

【知识拓展】

3D 打印技术可以克服应用传统制造技术制作定制化产品生产成本高、消耗资源大、耗时长等缺点，因此被应用于工业制造，医疗、教育、航空航天、消费品等诸多制造领域。3D 打印材料作为 3D 打印的重要物质基础，其发展直接制约着 3D 打印技术的发展。随着 3D 打印产业规模越来越大，3D 打印材料在整个行业中的地位也愈加重要。2017 年，全球 3D 打印材料市场约占全部 3D 打印市场的 36.63%，到 2022 年，全球 3D 打印材料市场规模进一步扩张，且增速略大于全球 3D 打印市场，所占比重进一步提高。

全球 3D 打印材料市场规模近 5 年来一直维持 20% 以上的增速，处于稳定快速发展期，随着 3D 打印技术应用领域的不断拓展和越来越多的 3D 材料面世，全球 3D 打印材料市场将会继续保持稳定增长的趋势。

消费级 3D 打印设备普及率高，PLA、ABS 材料占据主流，从 3D 打印材料市场应用结构来看，PLA 和 ABS 塑料应用占比较多，两者合计占比超过 50%，其原因为 PLA 与 ABS 塑料主要供消费级 3D 打印机使用，消费级 3D 打印机具有价格较为低廉、携带方便、易于操作等特点，其普及率要远远高于操作难度大、价格昂贵、要求专业技术高的工业级 3D 打印机。2017 年，消费级 3D 打印机全球出货量 38.97 万台，占全部 3D 打印机出货量的 97.13%。而作为消费级 3D 打印机的主要应用材料，PLA 材料和 ABS 塑料应用占据了全球 3D 打印材料市场的大部分份额。

【自学自测】

1. 3D 打印技术的未来发展及应用市场拥有相当巨大的潜力，在______、______、______、______、教育、珠宝、考古等领域得到广泛应用。

2. 3D 打印材料有_______、_______、_______、_______，其中最常用的材料是_______和______。

学习活动2：课中讲授

3.1　3D 打印常用材料介绍

目前已经研发出可以应用于 3D 打印的材料主要有用于消费级 3D 打印机的 PLA、ABS 塑料，以及 PC 工程材料等；用于工业级打印机的金属粉末、树脂、石膏粉末等材料，在此基础上又可混搭出百种改良材料。

3D 打印技术一开始常见于模具制造、工业设计，后来逐渐普及到建筑、汽车、航空航天、医疗等领域。3D 打印凭借其独特的制造技术，颠覆了传统制造模式，也同样赋予产品新的特性。而 3D 打印材料是这一技术发展过程中的灵魂，也是实现 3D 打印技术突破技术瓶颈不断创新的关键。

3D 打印材料可以从不同方面进行分类。根据化学性能可分为聚合物材料、金属材料、陶瓷材料、复合材料，根据物理状态可分为丝状材料、粉末材料、液体材料、薄片材料。目前 3D 打印经常使用的材料主要是聚合物材料、金属材料和陶瓷材料，发展至今也不断有新材料加入其中，如人造骨粉、石膏、砂糖、细胞生物原料等。

【写一写】

1. 常用 3D 打印材料有哪些?

2. 3D 打印材料根据化学性能和物理状态怎样分类?

3.1.1　聚合物材料

ABS 塑料是五大合成树脂之一，是目前产量最大、应用最广泛的聚合物，具有无毒、无味、价格便宜等特点。由于这种塑料要经过熔化后再冷却，根据热胀冷缩原理，其打印精度并不是很高，打印的 3D 模型也比较粗糙。打印较大模型时，最好使用热床，否则产品容易翘边。ABS 在强度上高于 PLA。ABS 产品可以用丙酮进行后期打磨抛光。

PLA（聚乳酸）是一种优良的聚合物，原因是多方面的。首先，它是生物环保材料，因为它从玉米中制成，是一种可再生资源。其次，生物可降解，这意味着将不需要一个垃圾填埋场。再次，它的颜色、打印模型的效果如同 LED 一样的晶亮，非常清晰。最后，它具有极低的收缩率，这意味着它抗变形翘曲，即使是非常大的打印尺寸。

认真阅读以上文字材料，完成表 3-2。

表 3-2　主要聚合物材料

材料	特点与区别
ABS	
PLA	

【查一查】

查阅相关资料，简单说明聚合物材料的种类和性能特点。

3.1.2　金属材料

纵观航空航天、汽车制造以及核电制造等工业领域，对钛合金、高强度不锈钢、高温合金以及铝合金等大尺寸、复杂精密构件的制造提出了更高的要求。

（1）钛合金　钛是一种重要的结构金属，纯钛加入合金元素形成钛合金，钛合金因具有强度高、耐蚀性好、耐热性高等特点而被广泛用于各领域，例如生物骨骼及其医学替代器件方面。采用增材制造技术制造的钛合金零部件，强度非常高，耐蚀性好，尺寸精确，能制作的最小尺寸可达 1mm，而且其零部件的力学性能优于锻造工艺。Fe、Al、Mn、Cr、Sn、V、Si 等元素能提高钛合金的强度，同时降低其塑性和韧性。

（2）不锈钢　不锈钢粉末是金属增材制造用的一类性价比较高的金属粉末材料。不锈钢可以作为选择性激光烧结（SLS）工艺的材料，主要用来制作模型和打印工艺品。采用增材制造技术制造的不锈钢模型具有较高的强度，而且适合打印尺寸较大的物品。

（3）铝合金　铝及铝合金在工业生产中的用量仅次于钢铁，居有色金属的首位，其最大特点是质量轻，比强度和比刚度高，导热和导电性好，耐腐蚀，广泛用于航空航天等领域。在民用工业中，铝合金广泛用于食品、电力、建筑、交通等各个领域。根据成分和生产加工方法的不同，可将铝合金分为变形铝合金和铸造铝合金两种类型。

铝合金密度低，但强度较高，接的或超过优质钢，塑性好，可加工成各种型材，具有优良的导电性、导热性和抗蚀性。铝合金可以作为电子束熔化（EMB）工艺的材料，其在医学和建筑领域都有着很好的应用前景。铝合金的密度相对钛合金和不锈钢都低，同时具有熔点低、重量轻和载重强度大的特点。

（4）铜合金　铜及铜合金是人类使用最早也是至今应用最广泛的金属材料之一。其最大特点是导电性和导热性好，耐腐蚀，有优良的塑性，可以焊接或冷、热压力加工成形，是电力、化工、航空、交通等领域不可缺少的重要金属材料。

工业纯铜强度较低，通过对其进行合金化处理，可提高铜的性能。将锌（Zn）、铝（Al）、镍（Ni）、锡（Sn）等金属元素加入铜中，可起到较大的固溶强化效果。铍（Be）、钛（Ti）、锆（Zr）、铬（Cr）等金属元素在固态铜中的溶解度随温度的降低而剧烈减小，因而具有时效强化效果，最突出的是 Cu-Be 合金，经热处理后的最高强度可达 1400MPa。过剩相强化在铜合金中应用也十分普遍。如黄铜和青铜中的 CuZn 相和 $Cu_{31}Sn_3$ 相均具有高的强化作用。

（5）镍基合金　镍基合金是指在 650 ～ 1000℃高温下有较高的强度与一定的抗氧化、耐腐蚀 能力等综合性能的一类合金。这些材料耐高温、耐氧化、耐腐蚀，在温度高达 1200℃的环境下仍表现出高强度。

（6）难熔金属　难熔金属种类比较少，包括铌、钼、钽、钨，它们以极高的耐热性而出名。它们的熔点都超过 2000℃，化学反应不活泼，密度大，硬度高。

【想一想】

1. 简述 3D 打印金属材料发展趋势。

2. 简单说一说金属材料的种类与特点。

3.1.3　陶瓷材料

陶瓷材料常用于 SLS 打印技术，具有耐高温、硬度高、强度高、化学稳定性好等特点。传统陶瓷材料主要包括黏土、水泥、硅酸盐玻璃等，原料多为天然的矿物原料，分布广泛且价格低廉，适用于磨料、日用陶瓷、耐火材料、建筑材料等的制造。新型陶瓷材料是指采用高纯度原料制成，可以人为调控化学配比和组织结构的高性能陶瓷。

打印用的陶瓷粉末是由陶瓷粉末和某种黏结剂粉末所组成的混合物。由于黏结剂粉末的熔点较低，激光烧结时只是将黏结剂粉末熔化而使陶瓷粉末黏结在一起。在激光烧结之后，需要将陶瓷制品放入温控炉中，在较高的温度下进行后处理。陶瓷粉末和黏结剂粉末的配比会影响陶瓷零件的性能。

黏结剂含量越多，烧结越容易，但在后处理过程中零件收缩越大，会影响零件的尺寸精度；黏结剂含量少，则不易烧结成型。颗粒的表面形貌及原始尺寸对陶瓷材料烧结性能非常重要，陶瓷颗粒越小，表面越接近球形，陶瓷层的烧结质量越好。陶瓷粉末在激光直接快速烧结时，液相表面张力大，在快速凝固过程中会产生较大的热应力，从而形成较多的微裂纹。目前，陶瓷直接快速成型工艺尚未成熟，国内外正处于研究阶段，还没有实现商品化。

【想一想】

1. 简述 3D 打印陶瓷材料的主要应用和特点。

2. 影响陶瓷材料烧结性能的因素有哪些?

3.1.4 复合材料

复合材料可以分为连续纤维和不连续纤维类型。目前，连续纤维是 3D 打印的最佳复合材料类型。然而，不连续纤维复合材料由于其更高的强度而获得了市场的青睐。

基于增强类型，复合材料可以细分为碳纤维复合材料、玻璃纤维复合材料和其他复合材料。碳纤维仍是市场上最大的增强类型，这种纤维类型的用量在同一时期出现了快速增长。与其他材料相比，碳纤维复合材料具有广泛的优势，如轻质、高强度和刚度，以及出色的抗疲劳性和耐蚀性。例如对碳纤维在温度为 2500℃以上的高温环境下进行处理，可得到碳的质量分数在 99% 以上，由乱层结构转向具有更高模量的三维有序结构的高性能石墨纤维。

碳纤维由对齐的碳原子链组成，具有极大的抗拉强度。单独使用它们并不是特别有用。它们所具有的薄而脆的特性使其在任何实际应用中都很容易断裂。然而，当使用黏结剂将纤维分组并黏合在一起时，纤维会使负载平滑地分布，并形成一种强度极高、重量轻的复合材料。这些碳纤维复合材料以片材、管材或定制的成型特征的形式出现，使用热固性树脂作为黏合剂，并用于航空航天和汽车等领域。

【想一想】

1. 简述 3D 打印复合材料的种类与性能。

2. 简单说明复合材料的应用。

3.2　不同 3D 打印类型中材料的选择

1. 3D 打印材料分类

（1）按材料的物理状态分类　可以分为液体材料、薄片材料、粉末材料、丝状材料等。

（2）按材料的化学性能分类　可分为树脂材料、石蜡材料、金属材料、陶瓷材料及复合材料等。

（3）按材料成型方法分类　可分为 SLA 材料、LOM 材料、SLS 材料、FDM 材料等。液态材料：SLA 材料，光敏树脂；固态粉末：SLS 材料；非金属粉（蜡粉、塑料粉、覆膜陶瓷粉、覆膜砂等）；金属粉（覆膜金属粉）固态片材：LOM 材料；纸、塑料、陶瓷箔、金属铂 + 黏结剂固态丝材：FDM 材料；蜡丝、ABS 丝等。

2. 3D 打印熔融沉积材料

FDM 材料可以是丝状热塑性材料，常用的有蜡、塑料、尼龙丝等。首先，FDM 材料要有良好的成丝性；其次，由于 FDM 成型过程中丝材要经受“固态—液态—固态”的转变，因此要求 FDM 在相变过程中有良好的化学稳定性，且 FDM 材料要有较小的收缩性。对于气压式 FDM 设备，材料可以不要求是丝状的，可以是多种成分的复合材料。

（1）ABS 塑料丝　适用于料丝自加压式送丝喷头和螺旋挤压式送丝喷头。

（2）熔融材料　各种可以达到熔融状态的材料，如蜡、塑料等，适用于加压熔化罐。熔融挤压喷头工作原理：将所使用热塑性成型材料装入熔化罐中，利用熔化罐外壁的加热圈对其加热熔化呈熔融状态，然后将压缩机产生的压缩空气导入熔化罐中，气体压力作用在熔融材料的表面迫使材料从下方喷嘴挤出。FDM 设备的技术成本低、体积小、无污染，能直接做出 ABS 制件，但生产率低、精度不高、最终轮廓形状受到限制。FDM 的工艺特点：可以制作复合材料的快速成型制件，如磁性材料和塑料粉末经过 FDM 喷头成型特殊形状的磁性体，可以实现各向异性、各层异性，不同区域可具有不同性能。这是模具成型所不能实现的。

3. 3D 打印材料基本性能

3D 打印对材料性能的一般要求：有利于快速、精确地成型零件；成型制件应当接近最终使用要求，应尽量满足对强度、刚度、耐潮湿性、热稳定性能等要求；有利于进行后处理。

【想一想】

1. 简单说明 3D 打印材料的基本分类方法。

2. 简述 FDM 的优点和工艺特点。

【学习评价】

学习活动完成后，依据考核评价表（表 3–3），由小组、教师、企业三方进行评价。

表 3–3　考核评价表

评价项目	考核内容	考核标准	配分	小组评分	教师评分	企业评分	总评
学习活动完成情况（80 分）	学习活动分析	正确率 =100%，20 分 80% ≤正确率< 100%，16 分 60% ≤正确率< 80%，12 分 正确率< 60%，0 分	20				
	填表	合理，20 分 基本合理，10 分 不合理，0 分	20				
	回答问题	规范、熟练，20 分 规范、不熟练，10 分 不规范，0 分	20				
	自学自测	每空 2 分	20				
职业素养（20 分）	知识	复习	每违反 1 次，扣 5 分，扣完为止				
	纪律	不迟到、不早退、不旷课、上课不玩游戏					
	表现	积极、主动、互助、负责、有改进和创新精神等					
	6S 规范	符合 6S 管理要求					
总分							
学生签名			教师签名				

学习活动3：课后提升

【拓展阅读】

全球 3D 打印材料逐渐丰富，人们根据不同行业特点和需求不断开发出新型材料，全球 3D 打印材料第一大技术来源国为中国，从整体趋势上看，2012—2020 年，中国 3D 打印材料专利申请数量逐年攀升，远远超过全球其他国家，中国 3D 打印材料专利申请量达到 3079 项，占全球 3D 打印材料专利总申请量的 55.88%（仅供参考）；其次是美国，美国 3D 打印材料专利申请量占全球 3D 打印材料专利总申请量的 26.21%（仅供参考）。欧盟和韩国虽然排名第三和第四，但是与排名第一的中国及排名第二的美国专利申请量差距均较大。目前全球共有几百余种可规模化生产的 3D 打印材料。全球 3D 打印材料种类在近三年内出现了井喷式的增长，3D 打印材料种类的增多，使得 3D 打印技术可应用的领域增加，可应用 3D 打印技术制造的产品种类愈加丰富，极大地推动了 3D 打印产业的发展；同时，3D 打印材料技术的发展，使得 3D 打印材料的成本逐渐降低，从而使更多的 3D 打印技术能够向产业化转变，应用领域进一步拓展。未来 3D 打印应用的快速增长主要依赖于其在建筑业、工业、交通以及航空航天领域和医疗行业的增长，3D 打印应用的快速增长反过来又加大了对 3D 打印材料的需求。随着全球 3D 打印行业的日益发展，3D 打印行业越来越受到国家的关注，而 3D 打印材料作为 3D 打印的先行行业，在推动我国 3D 打印整体发展上扮演着重要的角色。从积极方面看，国家层面出台了《增材制造产业发展行动计划（2017—2020 年）》《重大技术装备和产品进口关键零部件、原材料商品目录》《国家支持发展的重大技术装备和产品目录》《增强制造业核心竞争力三年行动计划（2018—2020 年）》等对 3D 打印材料行业起推动作用的政策，这些政策从制定行业发展目标、给予财政补贴、列入重点领域等方面对 3D 打印材料行业的发展给予支持。

【想一想】

1. 根据以上资料，结合自己对 3D 打印的了解，谈谈 3D 打印材料现阶段的状况。

2. 未来 3D 打印的快速增长产业有哪些？

第 4 章　3D 打印建模软件应用

4.1　软件简介和 3D 打印数据来源

【教学目标】

知识目标：

1. 了解 SolidWorks2020 软件的应用。
2. 了解 SolidWorks2020 软件的基本建模命令。
3. 能够对 3D 打印的模型进行三维建模。
4. 掌握 3D 打印数据的来源等。

能力目标：

1. 通过阅读相关资料，了解 SolidWorks2020 软件的基本功能。
2. 能够说出 3D 打印的数据来源。
3. 能正确理解每个命令的用途。

素养目标：

1. 提高学生收集信息的能力。
2. 提升学生的分析能力和团队协作能力。
3. 培养学生对 3D 建模的兴趣，激发学生的求知欲。
4. 通过亲身参与模型建立的全过程，提高学生的操作能力。

【思维导图】

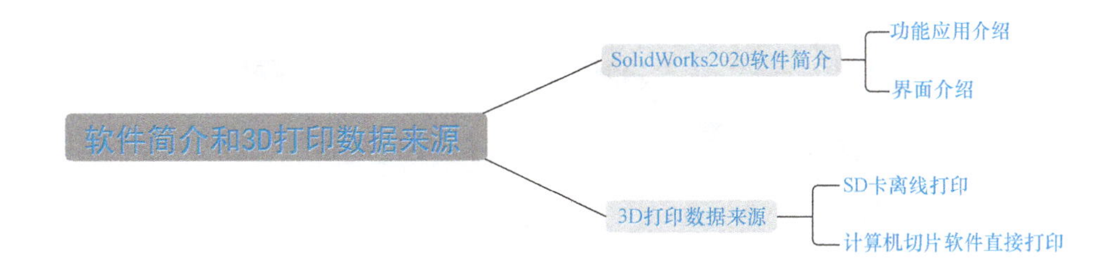

学习活动1：课前自学

【想一想】

列举出常用三维建模软件及其具体优势和应用，并完成表 4-1。

表 4-1　常用三维建模软件及其优势和应用

序号	建模软件	优势	主要应用行业（如模具行业、非标设计行业等）
1			
2			
3			
4			

【知识拓展】

三维建模的用途如下：

1）在科学领域，使用三维建模制作化合物的精确模型。

2）在医疗行业，使用三维建模制作器官的精确模型。

3）在电影行业，三维建模用于建立活动的人物、物体以及现实电影模型。

4）在电子游戏产业，将三维建模模型作为计算机与视频游戏中的资源。

5）在建筑业，三维建模用来展示设计的建筑物或者表现风景。

6）在工程界，三维建模用于设计新设备、交通工具（图 4-1）、工程结构以及其他应用领域。

7）在地球科学领域，三维建模用来构建三维地质模型。

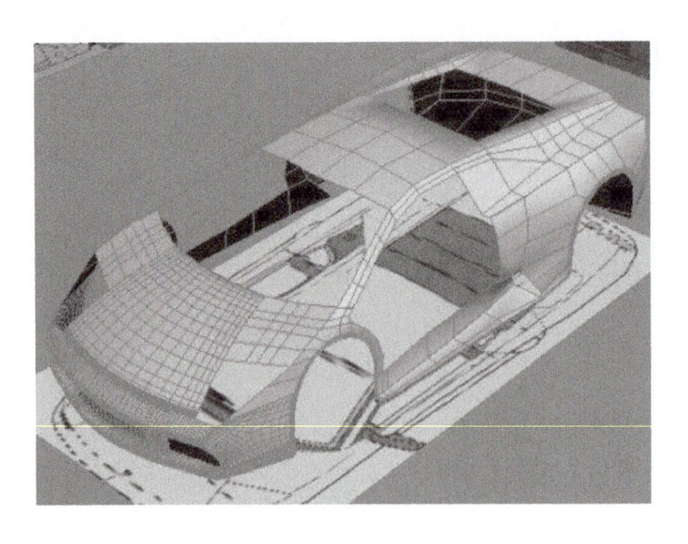

图 4-1　汽车三维模型

三维模型经常用三维建模工具这种专门的软件生成，但也可以用其他方法生成。作为点和其他信息集合的数据，三维模型可以手工生成，也可以按照一定的算法生成。尽管通常按照虚拟的方式存在于计算机文件中，但是在纸上描述的类似模型也可以认为是三维模型。三维模型被广泛用于任何使用三维图形的地方。显示的物体可以是现实世界中的实体，也可以是虚构的物体。任何自然界存在的东西都可以用三维模型来表示。

【自学自测】

1）在建筑业，三维建模用来展示设计的________或者表现________。

2）在医疗行业，经常使用三维建模制作________的精确模型。

3）在地球科学领域，三维建模用来构建________模型。

4）三维模型经常用________工具这种专门的软件生成。

5）三维模型被广泛用于任何使用三维图形的地方。显示的物体可以是现实世界中的__________，也可以是__________的物体。任何自然界存在的东西都可以用________表示。

学习活动2：课中讲授

4.1.1　SolidWorks2020 软件简介

SolidWorks 是功能强大的三维建模软件，是基于 Windows 操作系统的设计软件。SolidWorks 为设计者提供不同的设计方法，可以减少设计过程中的错误以及提高产品

质量。在提供强大功能的同时，还保持软件操作简捷、易学易用的风格。SolidWorks 已经成为国际上主流的三维机械 CAD 解决方案。

SolidWorks2020 初始界面和工作界面分别如图 4-2 和图 4-3 所示，界面介绍见表 4-2。

图 4-2　SolidWorks2020 初始界面

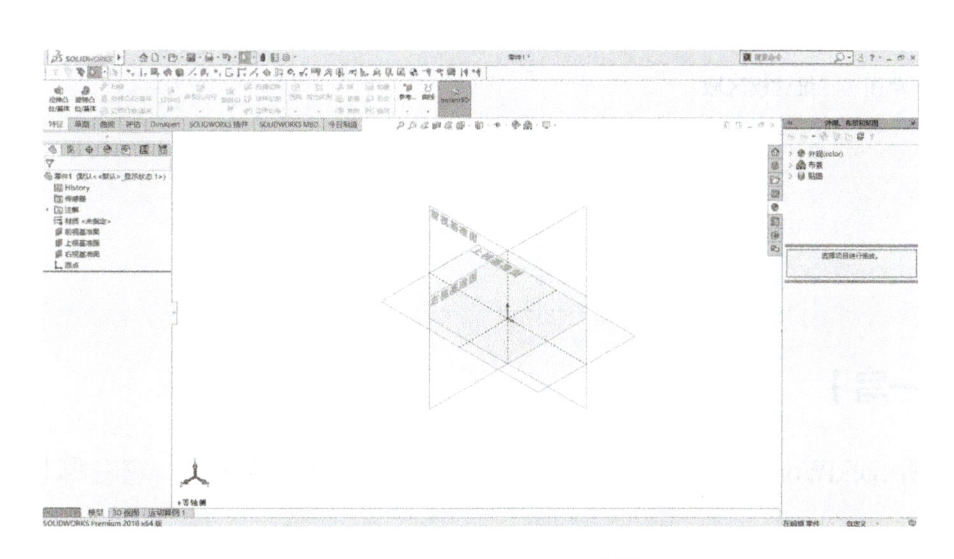

图 4-3　SolidWorks 工作界面

表 4-2　SolidWorks2020 界面介绍

功能	描述	图示
菜单栏	可创建、保存和修改模型等。在此区域可找到 SolidWorks 的大多数命令	
工具栏	快速进入命令及设置工作环境，可以根据具体情况定制工具栏	

（续）

功能	描述	图示
视图变换快捷工具栏	可根据需求从不同角度对 SolidWorks 模型进行观察，为修改模型提供方便	
资源条	包括 SolidWorks 资源、设计库、文件探索器、视图调色板、外观、布局和贴图、自定义属性等功能，可以更方便和快捷地利用 SolidWorks 进行工程设计	外观、布景和贴图 外观(color) 布景 贴图 选择项目进行拖放。
绘图区	草图、三维建模区域	

【写一写】

1. 分析 SolidWorks 软件为什么能在众多三维软件中脱颖而出，它有哪些优势？

2. 简述 SolidWorks 软件的工作界面组成。

3. 现在先进的 3D 打印机有哪些传输数据方式?

4.1.2　3D 打印数据来源

Einstart 打印机除了连接计算机，使用 3D start 软件完成打印外，还可以使用 SD 卡完成离线打印，从而实现在无网络的情况下也可以完成打印工作。

1. 软件操作离线打印

1）将之前生成的路径文件保存到 SD 卡中。使用读卡器复制一个路径文件到 SD 卡。

注意：插拔 SD 卡前应先断电。

2）开始脱机打印。单击“设置”→“从 SD 打印”，然后在打开的“文件列表”对话框中选择一个文件，单击“确定”即可，如图 4-4 所示。

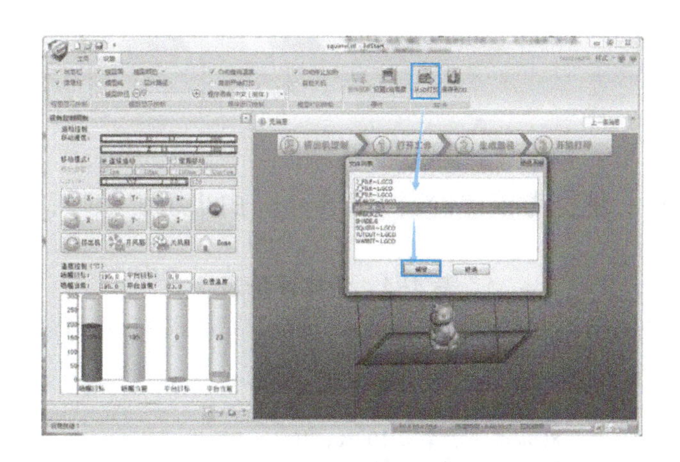

图 4-4　脱机打印

注意：确保路径文件复制完整。如果开始脱机打印，软件会自动断开设备连接，需要等待脱机打印停止后才能重新连接。

2. 机器面板操作离线打印

1）按下设备电源开关。

2）长按 2.5 s “OK”按钮，安全开机，此时会执行复位操作。

3）按下一键打印“Fast operation”按钮，进入此选项后，会默认指定最新复制到 SD 卡的路径文件，只需按下“OK”按钮即可快速开始打印。

4）指定一个路径文件打印。

机器操作面板对照表见表 4-3。

表 4-3　机器操作面板对照表

命令	图示
打开 SD 卡文件夹	
确定 / 执行复位操作	OK
移动光标	
取消当前的打印	
创建到 SD 卡	▶Build From SD
一键打印	Fast Operation

【查一查】

查阅相关资料，简单说明 SolidWorks 软件存在哪些不足，尝试从使用者的角度为其提供改进建议。

【学习评价】

学习活动完成后，依据考核评价表（表 4-4），由小组、教师、企业三方进行评价。

表 4-4　考核评价表

评价项目	考核内容	考核标准	配分	小组评分	教师评分	企业评分	总评
学习活动完成情况（80 分）	学习活动分析	正确率 =100%，20 分 80% ≤正确率＜ 100%，16 分 60% ≤正确率＜ 80%，12 分 正确率＜ 60%，0 分	20				
	填表	合理，20 分 基本合理，10 分 不合理，0 分	20				
	回答问题	规范、熟练，20 分 规范、不熟练，10 分 不规范，0 分	20				
	自学自测	每空 2 分	20				
职业素养（20 分）	知识	复习	每违反 1 次，扣 5 分，扣完为止				
	纪律	不迟到、不早退、不旷课、上课不玩游戏					
	表现	积极、主动、互助、负责、有改进和创新精神等					
	6S 规范	符合 6S 管理要求					
总分							
学生签名			教师签名				

学习活动3：课后提升

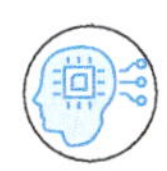

【复习反思】

查阅相关资料，简单说明我国三维软件与 SolidWorks 等主流软件相比存在哪些不足，尝试从使用者的角度为其提供功能完善建议。

4.2　简单建模命令介绍

【教学目标】

知识目标：

1. 能够掌握简单建模指令的功能及用途。
2. 能够使用草图绘制、拉伸功能建立模型。
3. 能够使用扫描、放样功能完成较复杂零件的绘制。
4. 掌握曲面与实体混合建模命令的运用。

能力目标：

1. 能够掌握每一个草图命令的功能并完成拨叉草图绘制。
2. 正确使用拉伸、放样、扫描等实体命令，完成茶杯三维模型的建立。
3. 使用实体与曲面建模命令完成零件模型的建立。

素养目标：

1. 提升学生的分析能力和团队协作能力。
2. 培养学生对 3D 建模的兴趣，激发学生的求知欲。
3. 通过亲身参与模型建立的全过程，提高学生的操作能力。

【思维导图】

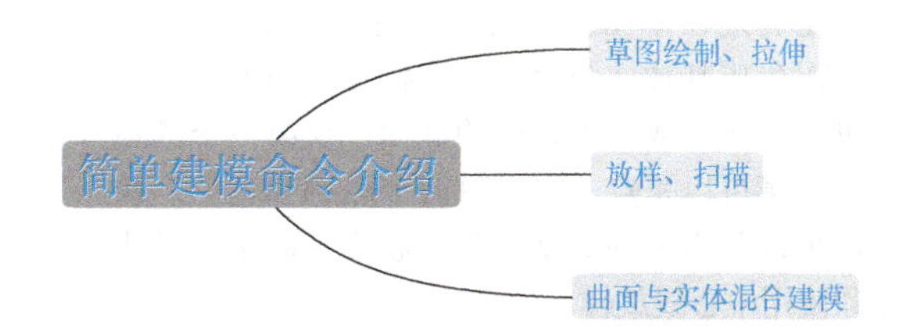

学习活动1：课前自学

【想一想】

查阅相关资料，简单说明 SolidWorks 软件有哪些常用命令，可以实现怎样的功能。

【知识拓展】

相关命令说明见表 4-5。

表 4-5 相关命令说明

命令及符号	说明	图例
草图 草图绘制	草图是生成三维模型的基础，通过草图绘制命令和草图绘制操作能够精确地生成二维图形，绝大部分 SolidWorks 的设计工作都是从绘制草图开始的。所以，熟练掌握草图绘制命令是使用 SolidWorks 从事三维 CAD 设计工作的良好开端	
拉伸凸台 / 基体 拉伸凸台/基体	拉伸是将所选取的拉伸截面沿指定方向上拉伸形成一几何体。在实体操作中，用于拉伸凸台或基体	
旋转凸台 / 基体 旋转凸台/基体	旋转凸台 / 基体是将所选取的拉伸截面沿指定方向上旋转形成一几何体。在实体操作中，用于旋转形成实体或切除材料	
放样	放样是通过在草图截面之间进行过渡生成特征。放样可以生成基体、凸台、薄壁特征或曲面。放样草图可以为两个或多个封闭的截面，仅第一个或最后一个轮廓可以是点，也可以两个轮廓都是点。放样特征可以分为三种类型：简单放样、使用引导线放样和使用中心线放样	

（续）

命令及符号	说明	图例
扫描	扫描是一个截面轮廓沿着一条路径移动，从路径的起点到终点所经过面积的集合，常用于构建变化较多且不规则的模型。利用扫描命令可以生成基体、凸台，切除材料等 扫描基体或凸台时，截面轮廓必须是封闭的，路径可以为开放的或封闭的；扫描曲面特征时，截面轮廓可以封闭也可以开放。扫描的路径只有一条，起点必须在草图截面的基准面上，路径可以是用户绘制的草图，也可以是模型上的边线或曲线。扫描特征不能自相交	

【自学自测】

1. 建模之前首先需要完成________的绘制。

2. “拉伸”是将所选取的拉伸截面沿________上拉伸形成一几何体。

3. “拉伸”可以分为________和________两种类型。

4. “放样”可分为________、________和________三种类型。

5. 扫描是________沿着________移动，从路径的________所经过面积的集合，常用于________的模型。

学习活动2：课中讲授

4.2.1　草图绘制、拉伸——拨叉的设计

正确分析图 4-5 所示拨叉零件图的特点，建立正确的绘图思路，利用草图工具和草图约束，完成参数化草图的创建，并使草图完全定义。

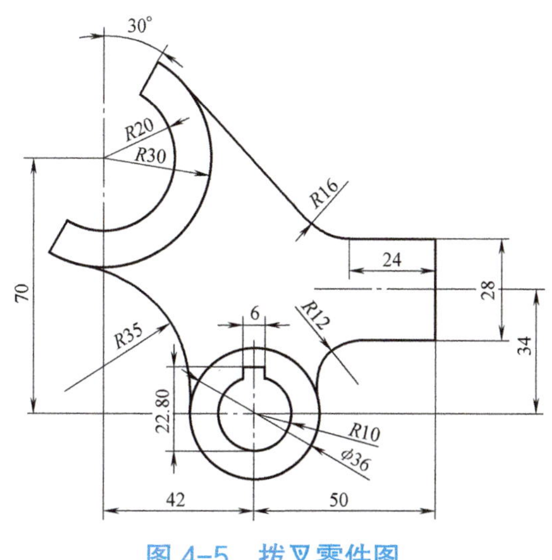

图 4-5　拨叉零件图

拨叉草图的绘制过程见表 4-6。

表 4-6　拨叉草图的绘制过程

序号	软件操作步骤	操作过程图示
1	单击“草图绘制”，在前视基准面上，从坐标系原点画两条互相垂直的构造线	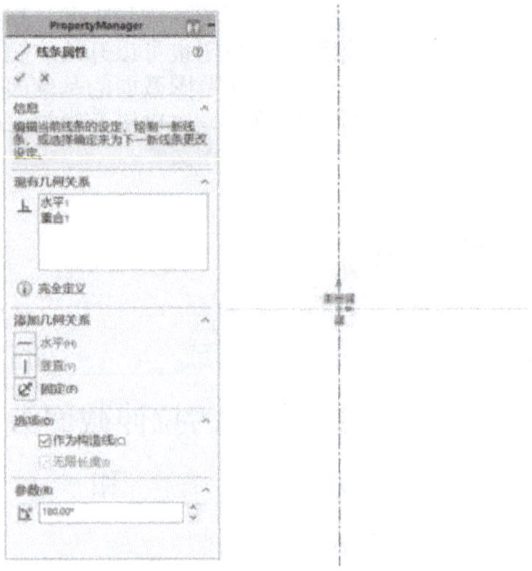
2	画一个 ϕ20mm 的圆	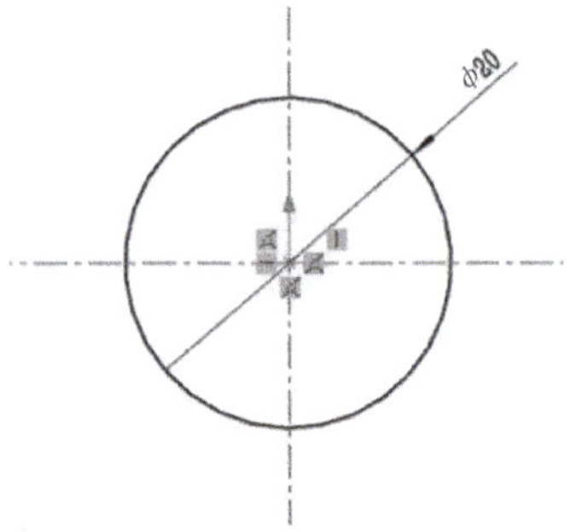
3	画一个同心圆，直径为 36mm	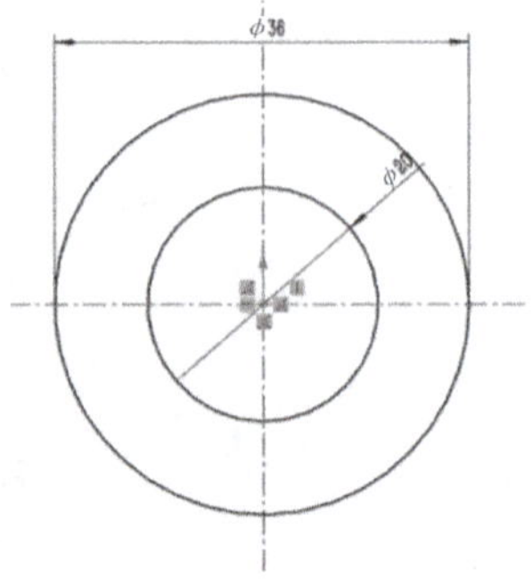

（续）

序号	软件操作步骤	操作过程图示
4	在 ϕ20mm 圆的上半边绘制一个键槽	ϕ38 ϕ20
5	标注尺寸“6”和“22.8”	ϕ38 6 ϕ20 22.80
6	两个侧边以中间构造线为基准做对称约束	属性 所选实体 直线1 直线6 直线8 现有几何关系 对称0 完全定义 添加几何关系 水平(H) 竖直(V) 共线(L) 平行(E) 对称(S) 固定(F) ϕ38 6

（续）

序号	软件操作步骤	操作过程图示
7	使用“剪裁”实体命令中的“强劲剪裁”去除多余部分	
8	使用“直线”命令绘制出大致形状	
9	尺寸约束 28mm、34mm、50mm、24mm	

（续）

序号	软件操作步骤	操作过程图示
10	使用“圆弧”命令绘制出大致的圆角	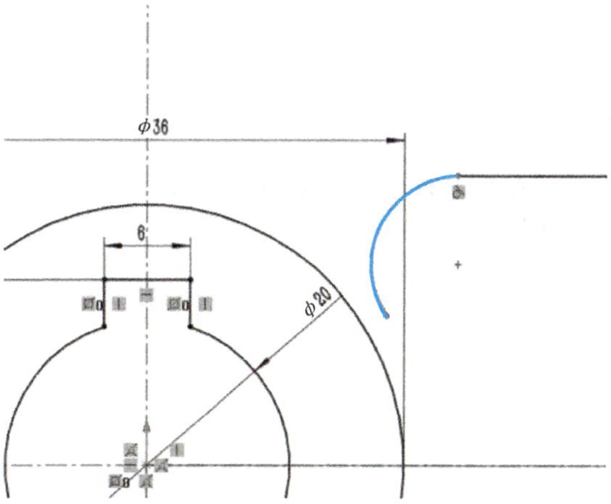
11	约束此圆弧与直线、ϕ36mm 的圆相切	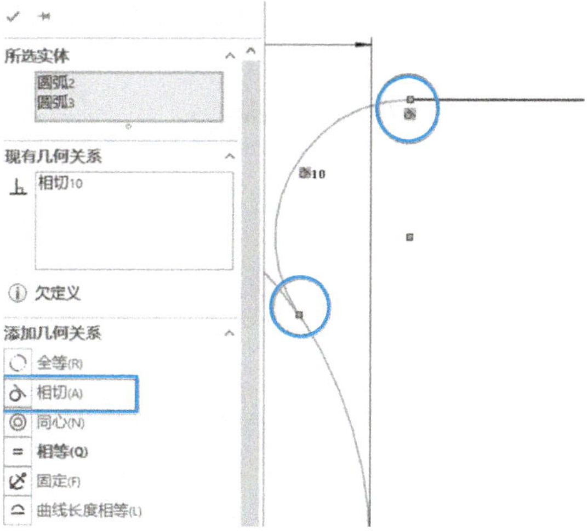
12	尺寸约束半径为 12mm	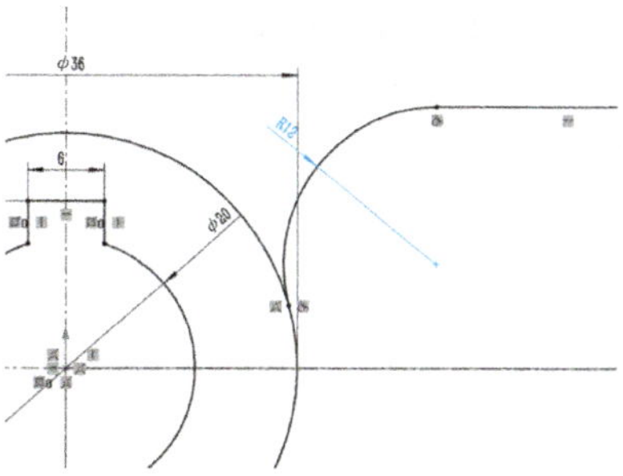

（续）

序号	软件操作步骤	操作过程图示
13	在左上角绘制 ϕ40mm 和 ϕ60mm 的同心圆	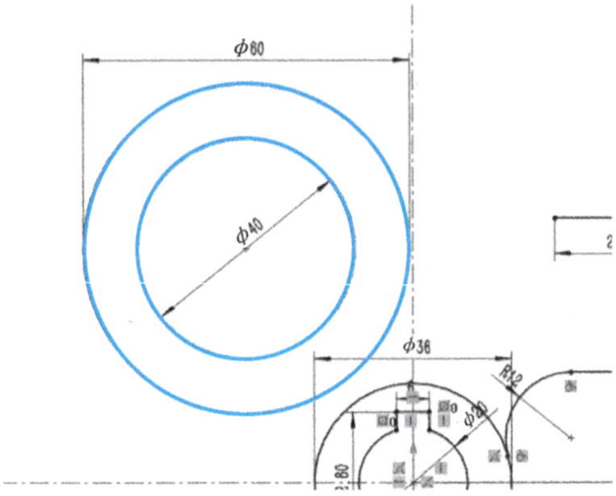
14	约束尺寸 70mm、42mm	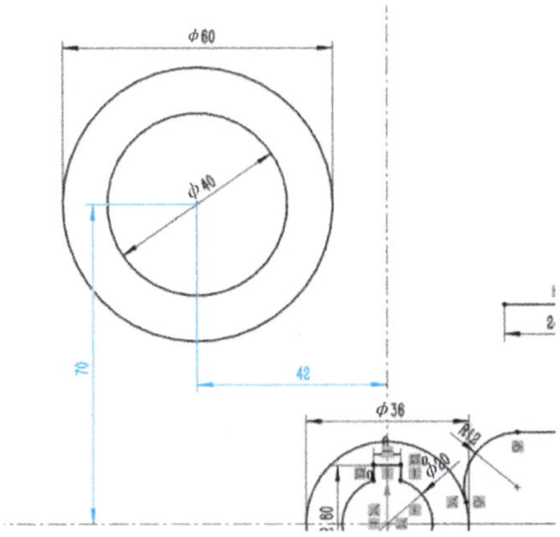
15	画一条通过 ϕ60mm 圆的圆心的直线，与竖直构造线之间的角度为 30°	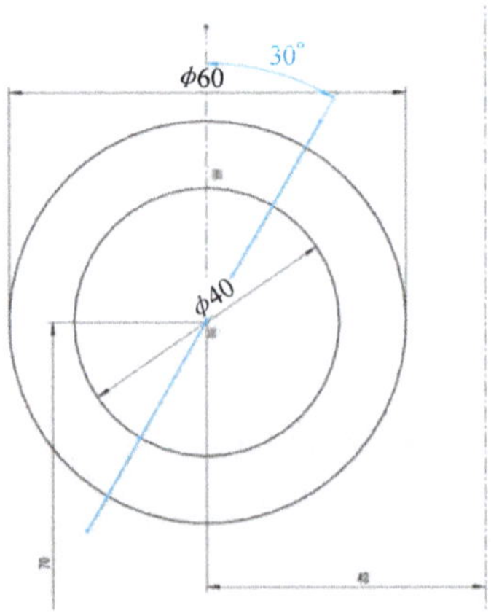

（续）

序号	软件操作步骤	操作过程图示
16	使用剪裁工具去除多余的线段	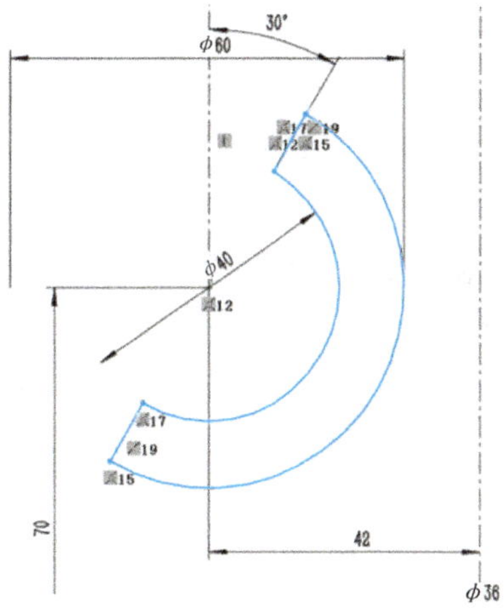
17	绘制 $R35$mm 的圆弧，首先绘制一个大致的形状	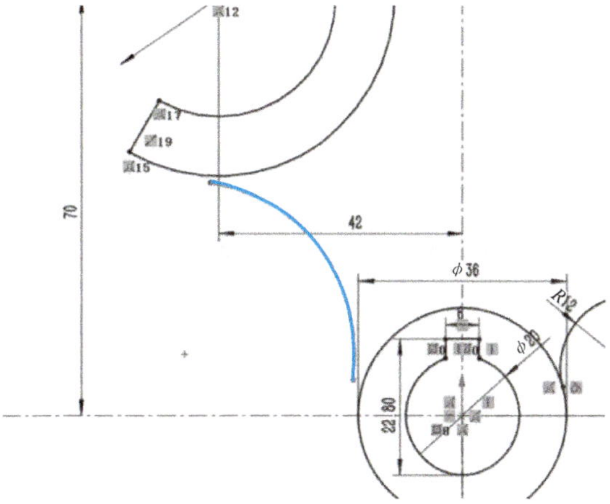
18	约束此圆弧与 $R30$mm、$\phi36$mm 的圆相切，并做尺寸约束 $R35$mm	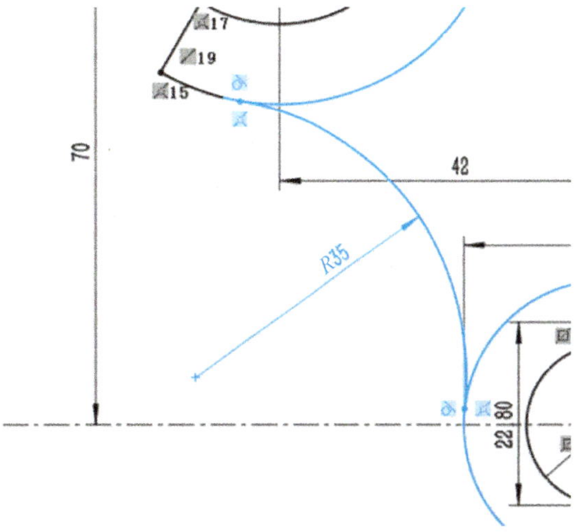

（续）

序号	软件操作步骤	操作过程图示
19	绘制一条与 *R*30mm 圆弧相切的直线	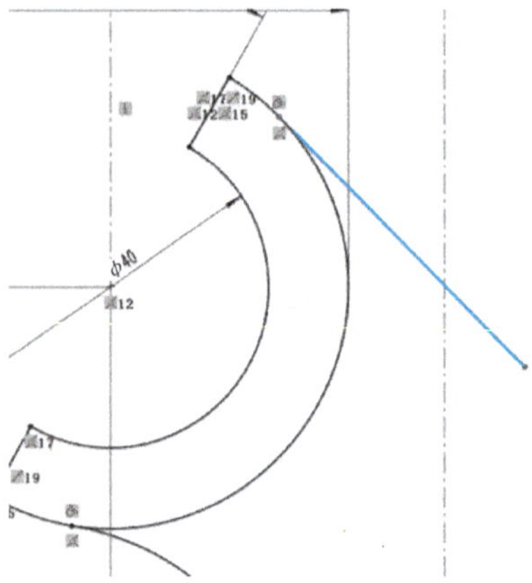
20	约束与线段 24mm 的夹角为 135°	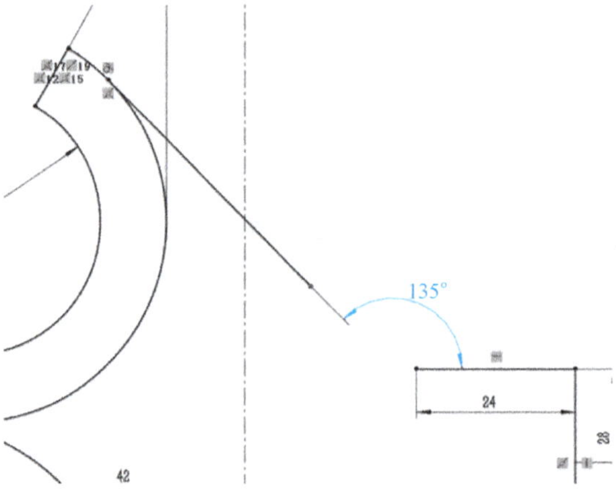
21	使用圆角工具绘制 *R*16mm 的圆角	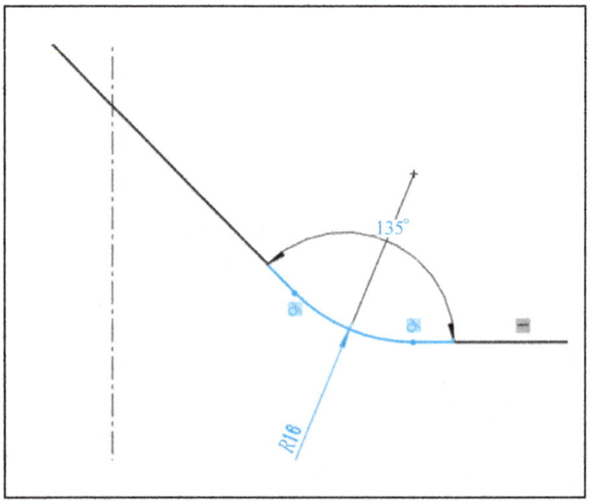

（续）

序号	软件操作步骤	操作过程图示
22	完成拨叉草图的绘制	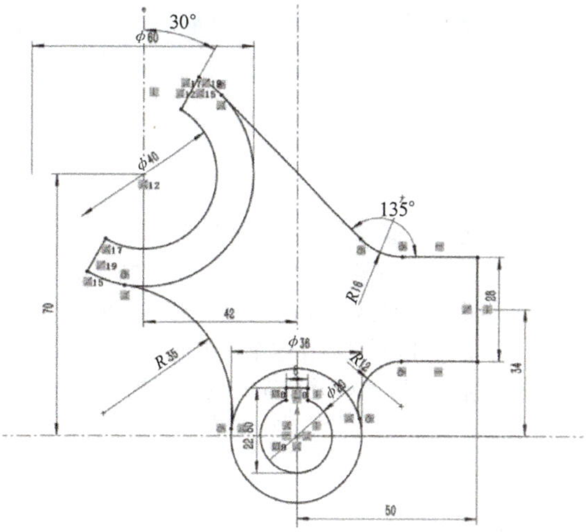
23	使用拉伸命令来建立拨叉的实体模型	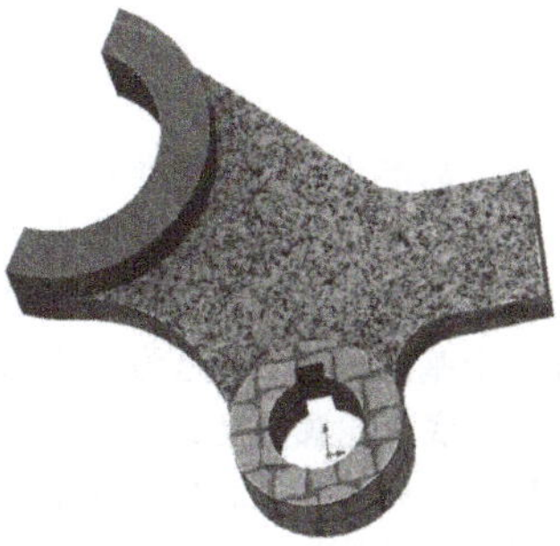

【想一想】

如果草图不是封闭轮廓，还可以用拉伸命令拉伸草图吗？绘制草图时有什么需要注意的地方？

4.2.2 放样、扫描——茶杯的设计

使用学习过的放样、扫描、拉伸等命令设计茶杯。在掌握思路之后，这个模型比较容易绘制出来，这里的建模思路主要从以下两个部分进行说明：杯身的建模（表 4–7）和把手的建模（表 4–8）。

1. 杯身的建模

表 4-7 杯身的建模

序号	软件操作步骤	操作过程图示
1	选择“基准面”，以前视基准面为参考，偏移距离 65mm（勾选“反转等距”后形成的基准面在前视基准面下方），以便之后在这个基准面 1 和前视基准面上放样形成茶杯的中部轮廓	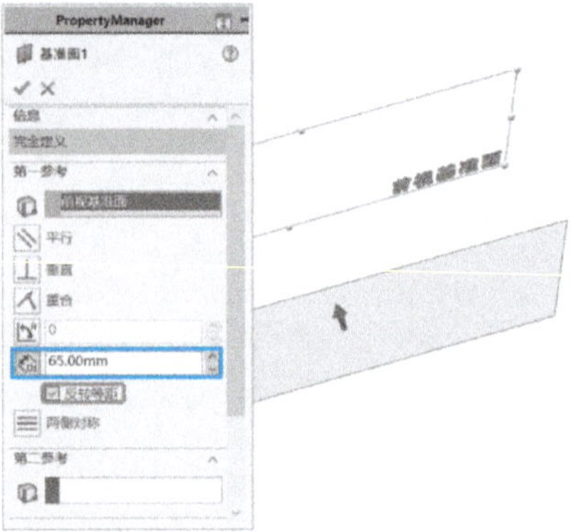
2	选择“基准面”，以基准面 1 为参考，向下偏移 10mm（以基准面 1 为第一参考，勾选“反转等距”即可），新建一个基准面 2，这是为了之后形成茶杯的底部轮廓。至此，两个基准面就建立完成了，之后只需在上面建立相应的草图再进行放样即可	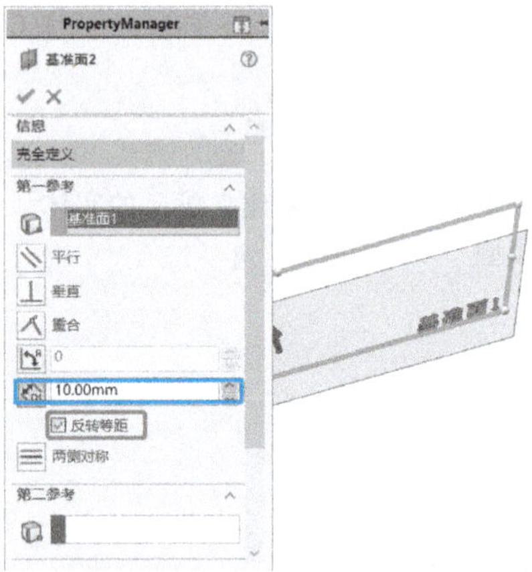
3	选择基准面 2，单击“草图”建立一个 ϕ36mm 的圆 说明：建立茶杯的底部轮廓前，需要先建立两个草图后放样	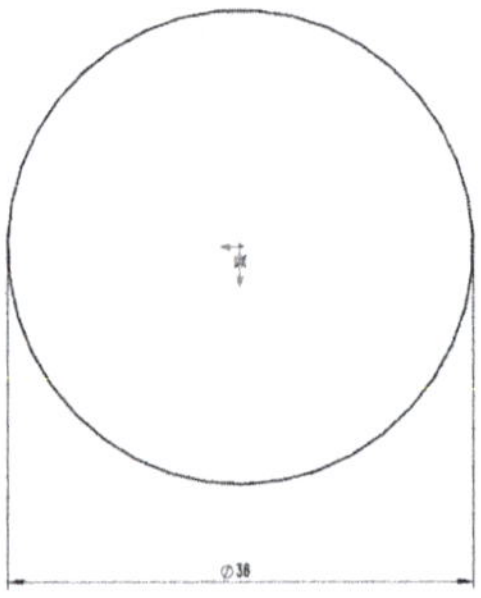
4	选择基准面 1，单击“草图”，建立一个 ϕ53mm 的圆	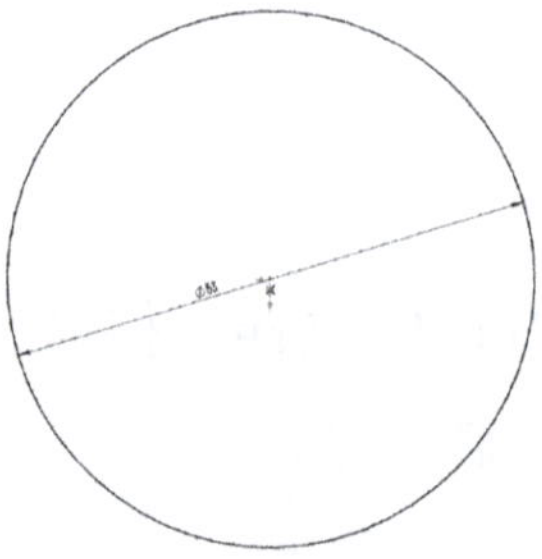

（续）

序号	软件操作步骤	操作过程图示
5	以草图 1 和草图 2 为轮廓，单击“放样”命令，对茶杯的底部轮廓进行放样	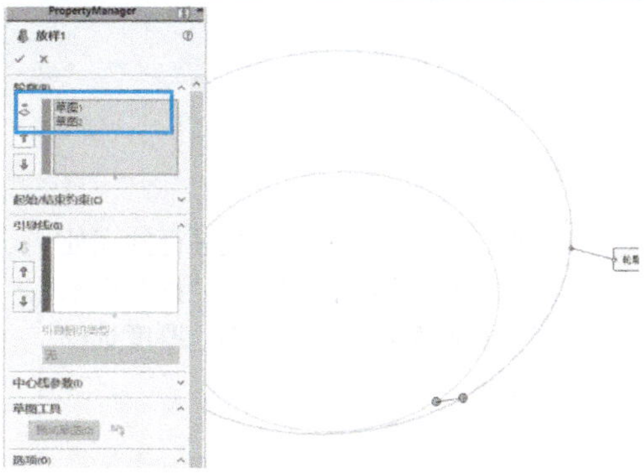
6	在前视基准面上建立一个 ϕ55mm 的圆，然后以此草图反向拉伸 65mm，所形成的实体为茶杯的杯体部分	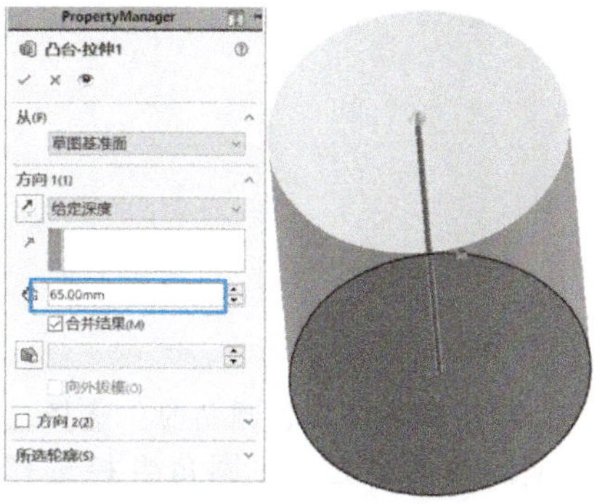
7	对前面操作的两个放样实体交线处设置一个圆角，圆角半径为 4mm，圆角轮廓设置为圆形	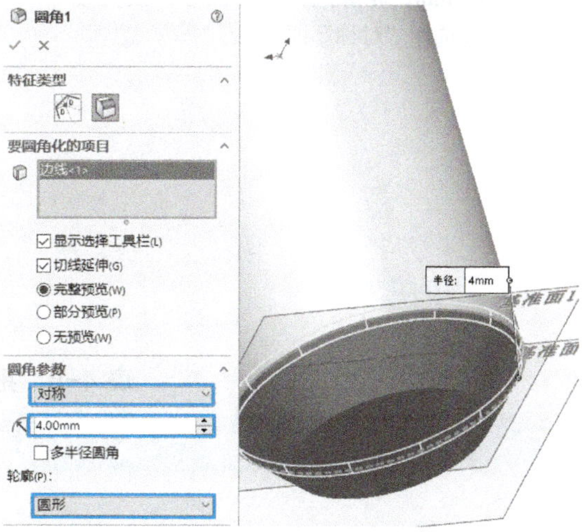
8	对茶杯的底部边线设置一个 R5mm 的圆角	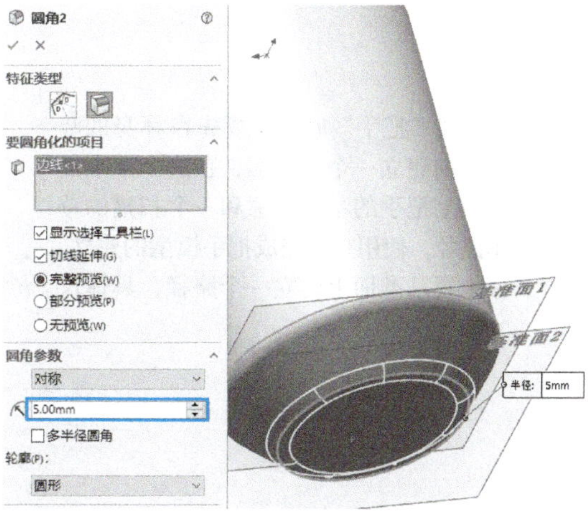

（续）

序号	软件操作步骤	操作过程图示
9	在设置上部边线时，先进行抽壳处理，这样茶杯的内部就被“抽”出来了，在抽壳时选择上端面，厚度选择2.5mm	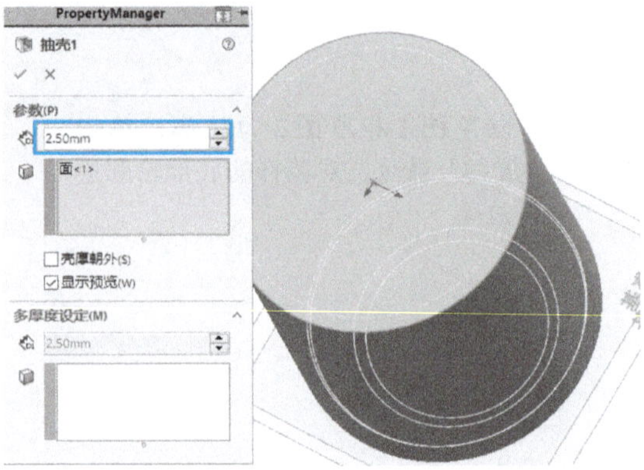
10	在茶杯杯口设置圆角时，选择上端口的两条边线，圆角半径选择0.5mm，轮廓同样选择圆形，圆角参数选择“对称”即可	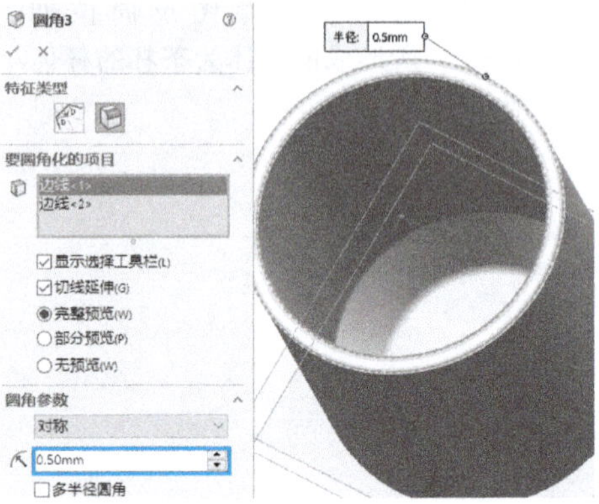

2. 把手的建模

表 4-8　把手的建模

序号	软件操作步骤	操作过程图示
1	新建“把手”时，需要先在杯身的竖直方向建立一个基准面，在这个基准面上绘制把手的草图轮廓和一个扫描的草图路径，使用扫描完成把手模型的建立。在上视基准面上建立一个路径，具体尺寸参照右图	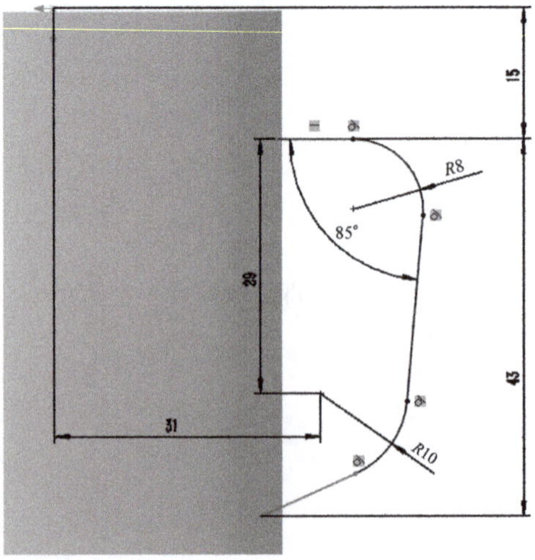

（续）

序号	软件操作步骤	操作过程图示
2	草图完成后重新建立一个基准面，在该基准面上建立草图轮廓 基准面建立如下：第一参考为刚才建立的草图在轮廓上的端点，第二参考为右视基准面	
3	选择轮廓基准面后，使用“槽口”命令，按右图对应参数输入即可，然后使用“扫描”命令，路径和轮廓分别勾选刚才建立的两个草图，即可通过扫描建立出把手	
4	扫描完成后，对把手的轮廓与杯体的交线设置圆角，圆角半径设为 2mm，两个轮廓分别设置，本次模型建立完成	

【写一写】

1. 通过查阅资料，了解 SolidWorks2020 软件中曲面模块中的其他命令，并简述边线设定中“交替面”的作用，以及相触、相切、曲率功能的含义。

2. 查阅相关资料，完成表 4-9。

表 4-9　盛茶用具举例

图示	材质	名称

3. 市场上常见的茶杯有哪些？列举三个。

4. 上述列举的茶杯建模各有何特点？

4.2.3　曲面与实体混合建模——增高垫的设计

利用 SolidWorks2020 软件完成图 4-6 所示增高垫的建模，使用曲面与实体混合建模完成，见表 4-10。

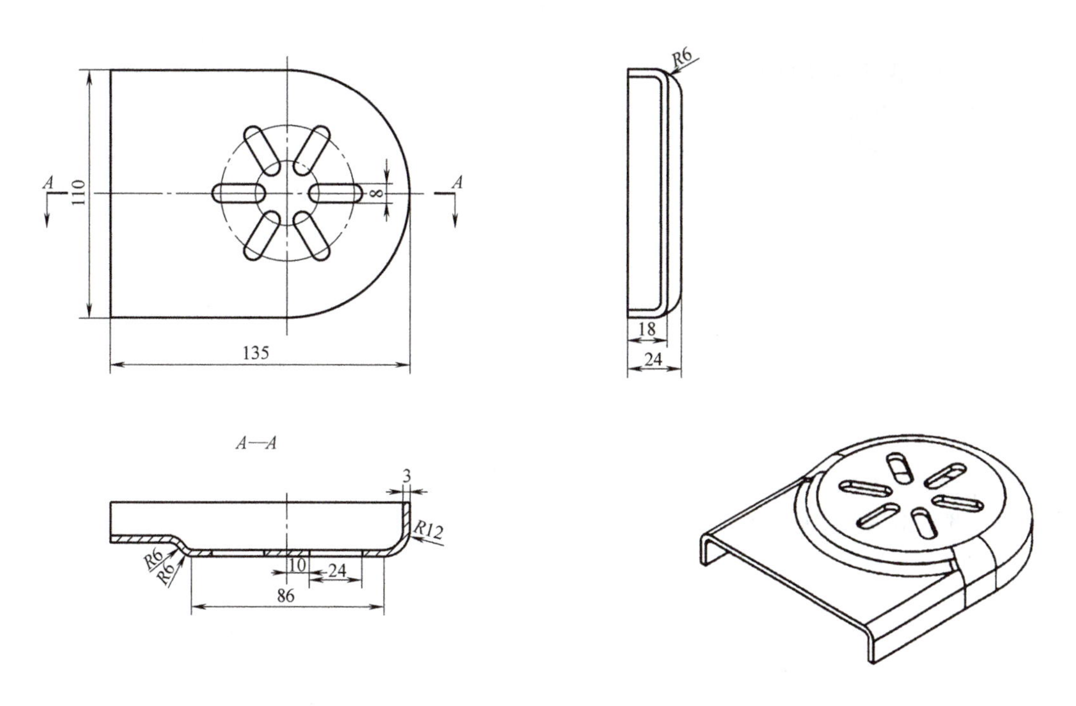

图 4-6　增高垫

表 4-10　曲面与实体混合建模过程

序号	软件操作步骤	操作过程图示
1	在前视基准面上建立草图，参数如右图所示	

（续）

序号	软件操作步骤	操作过程图示
2	以此草图为对象拉伸 18mm，所形成的实体为该零件的基体部分	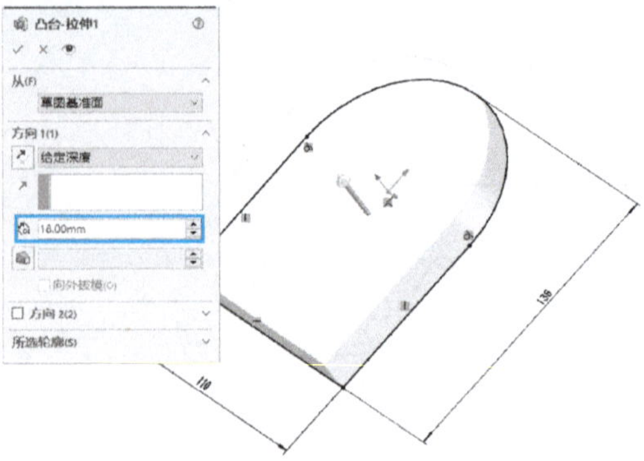
3	在该实体顶面绘制草图（半圆），对该半圆进行拉伸 6mm	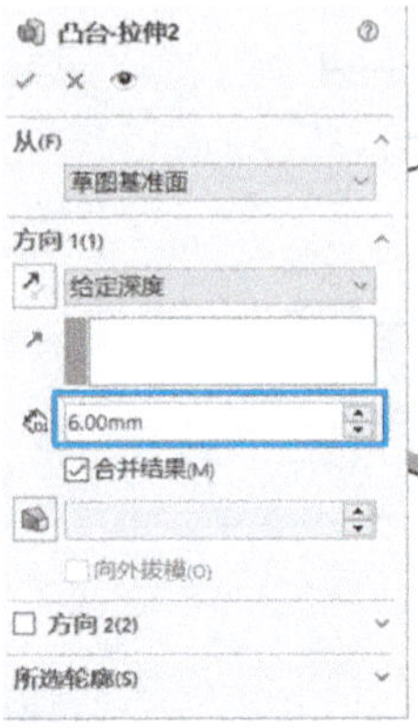
4	对两处边线进行圆角操作，圆角半径为 6mm	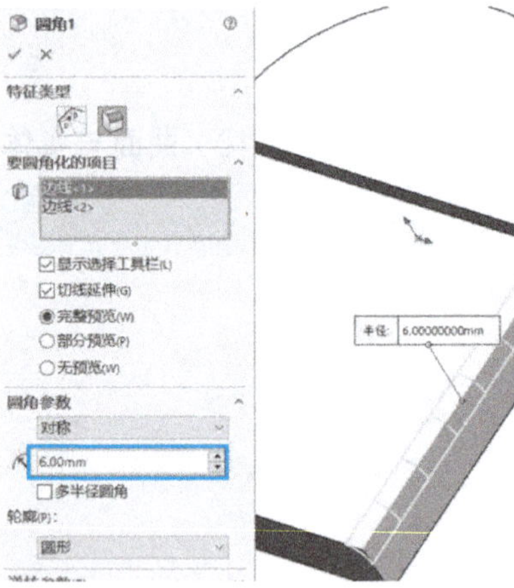
5	对半圆的顶部进行圆角操作，圆角半径为 12mm	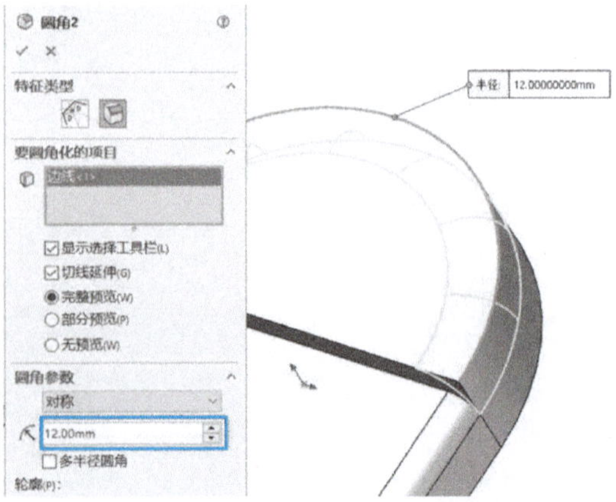

（续）

序号	软件操作步骤	操作过程图示
6	在已经绘制的实体中，以图示部分的直线为半圆的直径，绘制草图	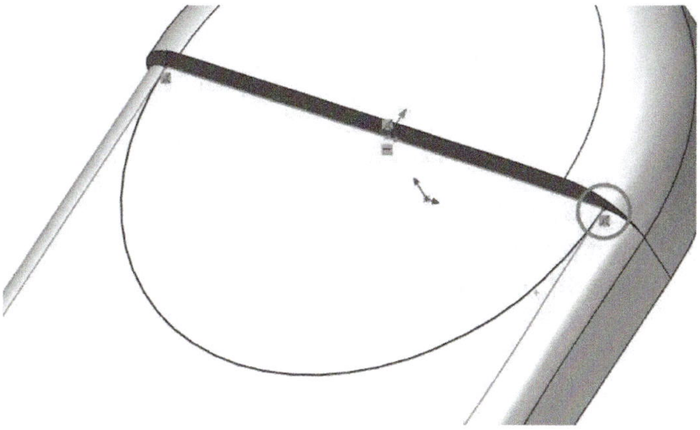
7	以该草图（半圆）为轮廓拉伸 6mm	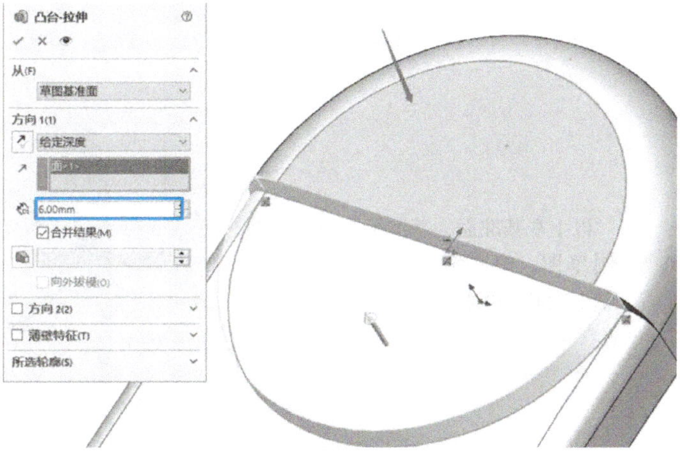
8	对该拉伸的台阶进行圆角操作，圆角半径为 6mm	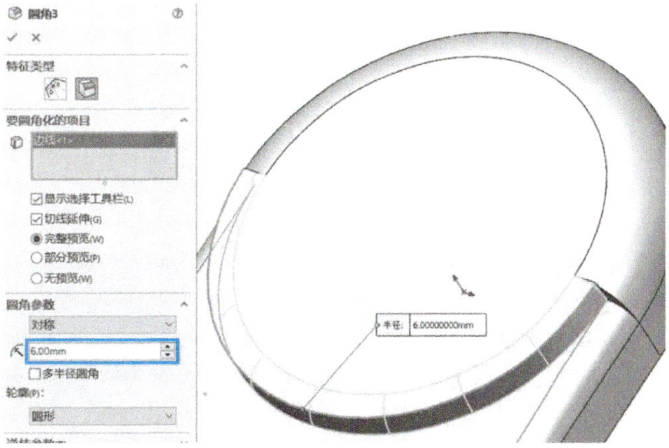

（续）

序号	软件操作步骤	操作过程图示
9	对该拉伸的台阶及底部连接部分进行圆角操作，圆角半径为 6mm	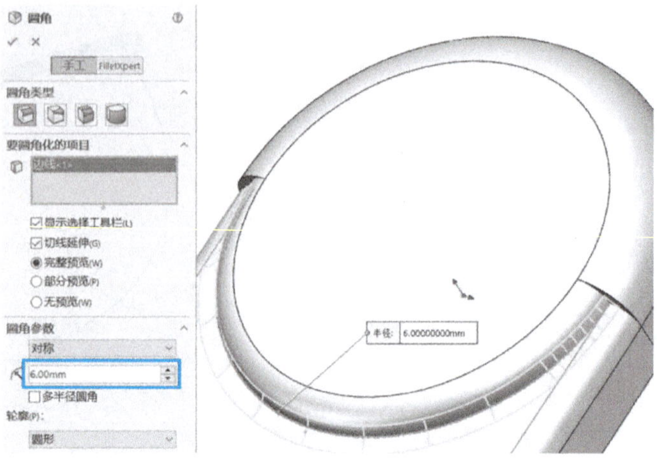
10	以上视基准面为基准绘制草图，中心线为对称轴，绘制 140° 角度线	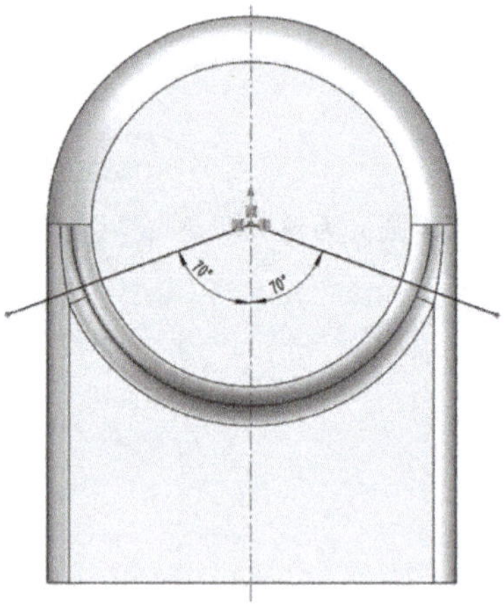
11	选中图中蓝色面，选择“分割线”命令，分割类型为“投影”，分割图中的蓝色面（“分割线”命令位于“工具栏”中的“插入”→“曲线”命令中）	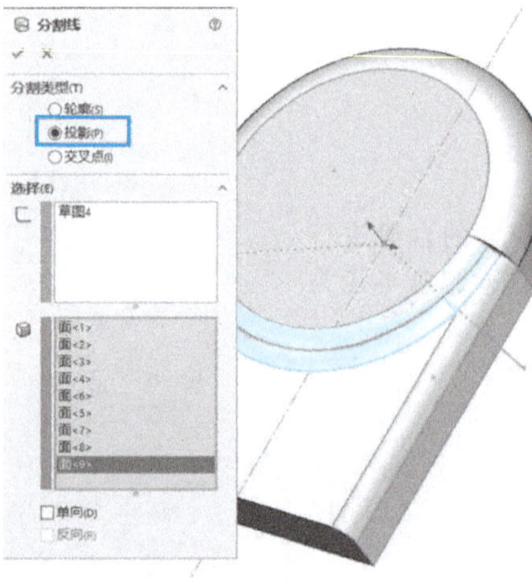

（续）

序号	软件操作步骤	操作过程图示
12	选择“删除面”，删除图中的蓝色面，每侧 4 个，共 2 侧	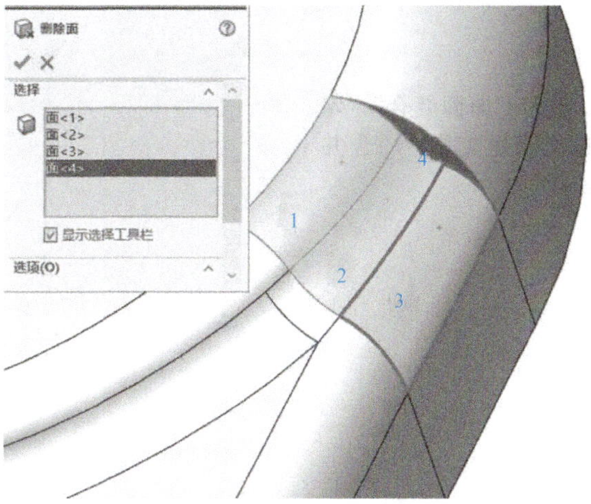
13	删除后，图形由实体变成了曲面	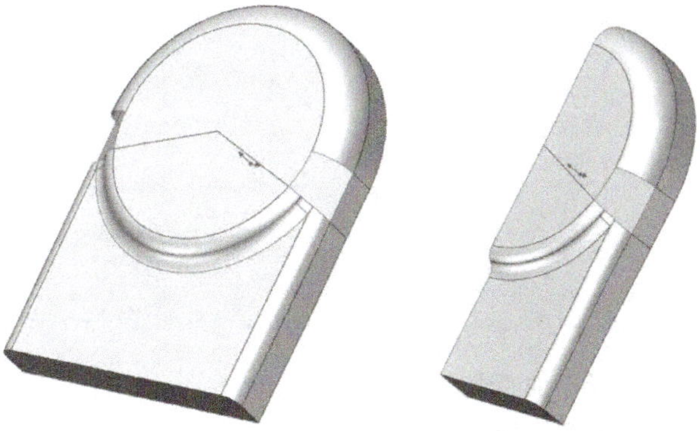
14	选用“曲面填充”，选中删除面四周一圈的边线，选用“相切”→“应用”到所有边线（另一侧相同）	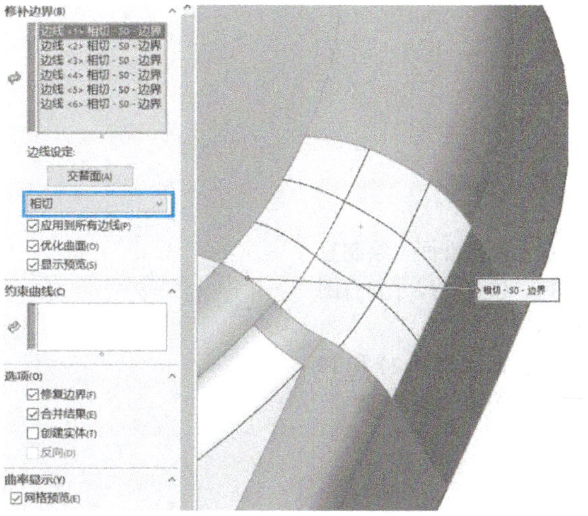

（续）

序号	软件操作步骤	操作过程图示
15	选择“曲面缝合”，勾选“创建实体”“合并实体”	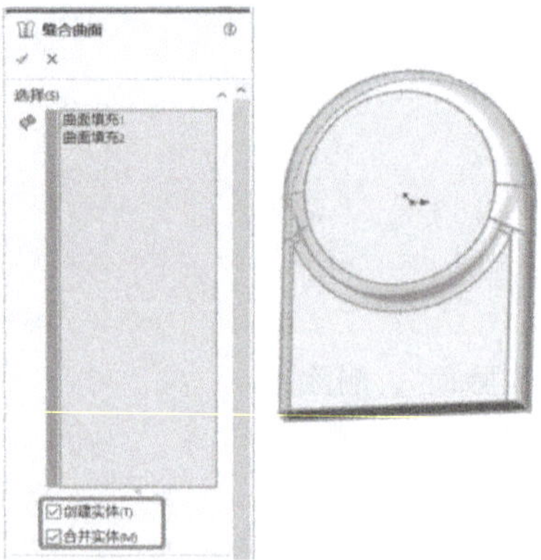
16	图形又从曲面变回实体，如右图所示	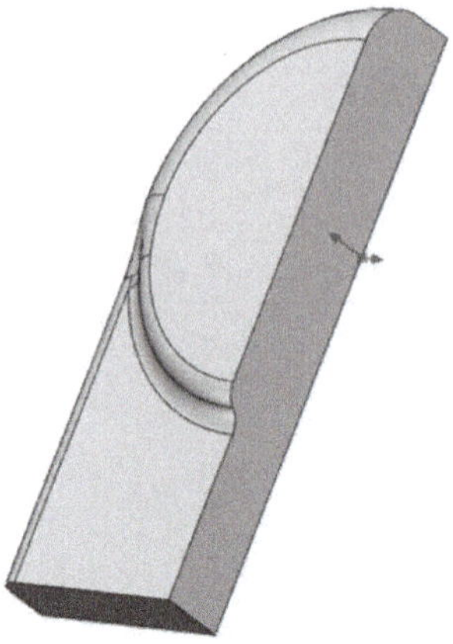
17	选择“抽壳”，选中左侧面和底面，厚度为 3mm	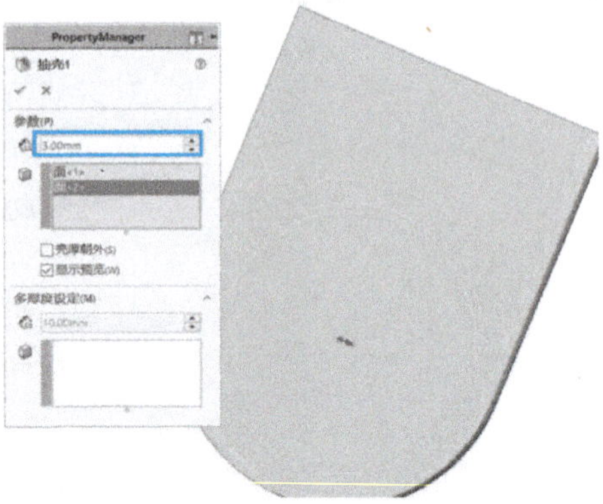
18	在上视基准面上绘制直槽口，位置、尺寸如右图所示 注：标注尺寸 24 和 10 时，要按住 <Shift> 键	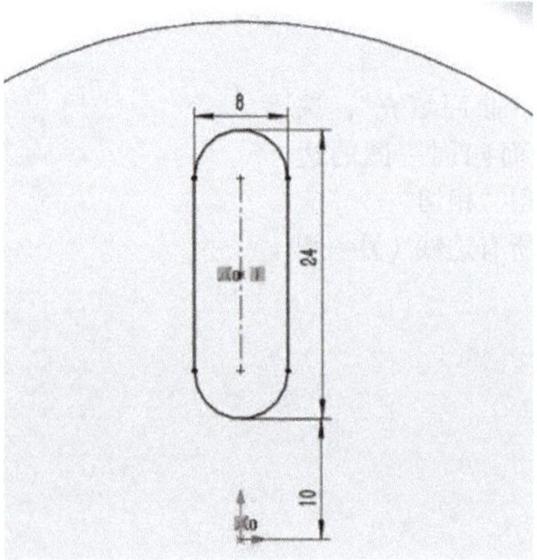

（续）

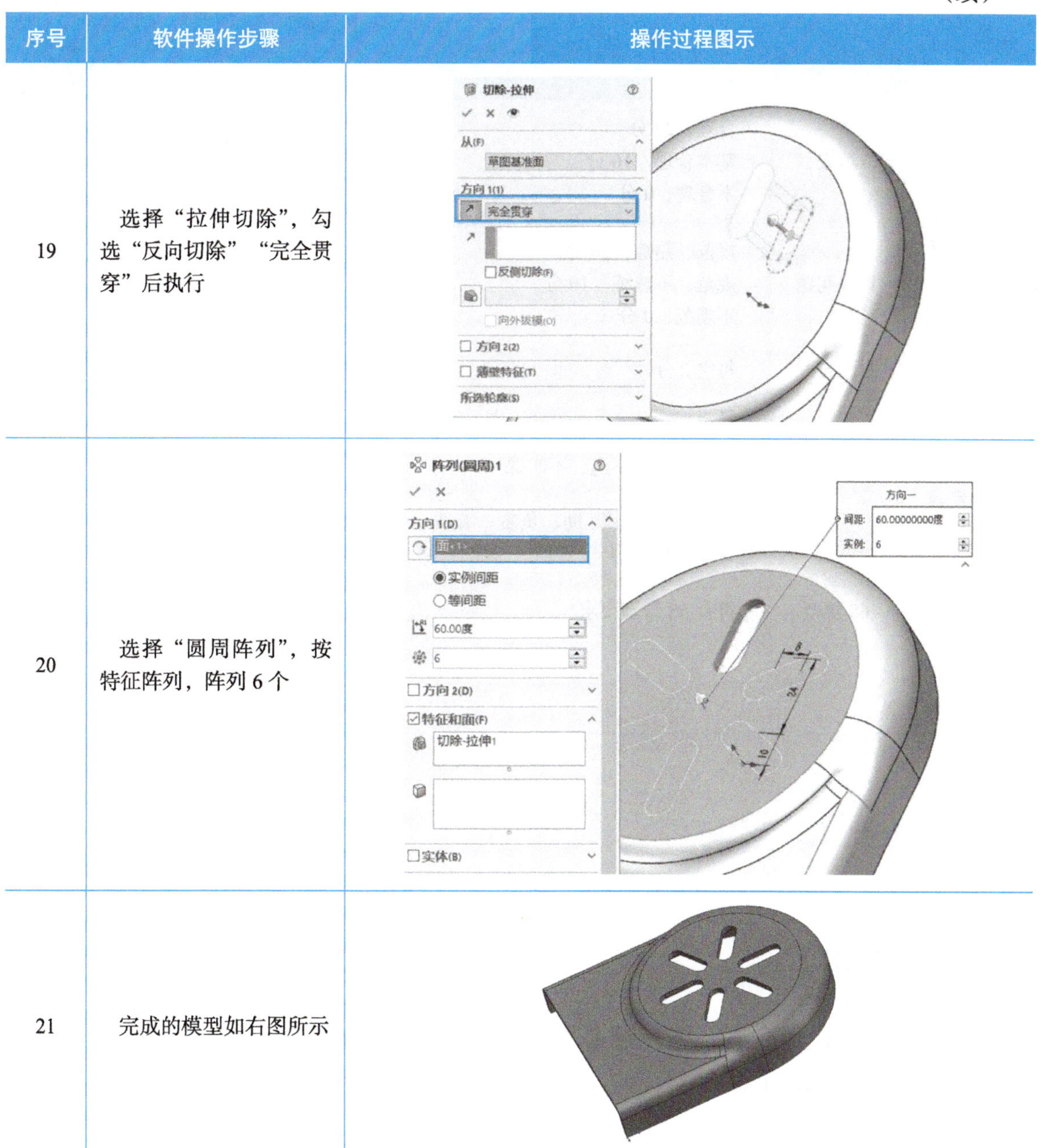

序号	软件操作步骤	操作过程图示
19	选择“拉伸切除”，勾选“反向切除”“完全贯穿”后执行	
20	选择“圆周阵列”，按特征阵列，阵列 6 个	
21	完成的模型如右图所示	

【学习评价】

学习活动完成后，依据考核评价表（表 4-11），由小组、教师、企业三方进行评价。

表 4-11　考核评价表

评价项目	考核内容	考核标准	配分	小组评分	教师评分	企业评分	总评
学习活动完成情况（80 分）	学习活动分析	正确率 =100%，20 分 80% ≤正确率＜ 100%，16 分 60% ≤正确率＜ 80%，12 分 正确率＜ 60%，0 分	20				

（续）

评价项目	考核内容	考核标准	配分	小组评分	教师评分	企业评分	总评
学习活动完成情况（80 分）	填表	合理，20 分 基本合理，10 分 不合理，0 分	20				
	回答问题	规范、熟练，20 分 规范、不熟练，10 分 不规范，0 分	20				
	自学自测	每空 2 分	20				
职业素养（20 分）	知识	复习	每违反 1 次，扣 5 分，扣完为止				
	纪律	不迟到、不早退、不旷课					
	表现	积极、主动、互助、负责、有改进和创新精神等					
	6S 规范	符合 6S 管理要求					
总分							
学生签名			教师签名				

学习活动3：课后提升

【复习反思】

在学习了上述命令后，想一想是否可以用今天所学内容完成自行完成茶杯的实体建模，需要用到哪些命令？

4.3　模型渲染设计

【教学目标】

知识目标：

1. 认真阅读工作任务，选择合理的着色方法进行渲染。
2. 掌握视图着色方法，体现实体的立体感。
3. 掌握光源类型的选择方法，以及放置位置。

能力目标：

1. 能够根据任务流程，完成柱塞泵的着色。
2. 能够自主学习，完成柱塞泵的高级渲染，并设置合理的布景方案。

素养目标：

1. 培养学生的分析能力，提升团队协作能力。
2. 提高学生的创新能力。

学习活动1：课前自学

【想一想】

为什么要对产品零件进行渲染？

常用的渲染软件有哪些？

【查一查】

1. 渲染有哪些方式？

2. 渲染的应用领域有哪些？

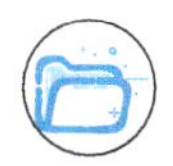

【知识拓展】

1. 着色和渲染

渲染是一种显示方案，一般出现在三维软件的主要窗口中，是用软件从模型生成图像的过程，和三维模型的线框图一样起到辅助观察模型的作用。着色模式比线框模式更加容易让我们理解模型的结构，但它只是简单地显示而已，数字图像中把它称为明暗着色法。

在 SolidWorks 软件中，还可以用“Shade”（着色）显示出简单的灯光效果、阴影效果和表面纹理效果，高质量的着色效果需要有专业三维图像显示卡的支持，它可以加速和优化三维图形的显示。“Shade”（着色）窗口提供了非常直观、实时的表面基本着色效果，根据硬件的能力，还能显示出纹理贴图、光源影响甚至阴影效果。但这一切都是粗糙的。特别是在没有硬件支持的情况下，它的显示甚至会是无理无序的。

“Render”（渲染）的效果则完全不同，它是基于一套完整的程序计算出来的，硬件对它的影响只是速度的问题，而不会改变渲染的结果，影响结果的因素是渲染程序，如是光影追踪还是光能传递。

2. 渲染技术的应用领域

1）产品设计。

2）计算机与视频游戏。

3）模拟、电影或者电视特效。

4）可视化设计。

【自学自测】

一般来说，三维软件已经提供了四个默认的摄像机，那就是软件中四个主要的窗口，分为__________、__________、__________和__________。

学习活动2：课中讲授

【相关知识】

1. 渲染的基本过程

1）定位三维场景中的摄像机。

2）计算光源对物体的影响。

3）根据物体的材质计算物体表面的颜色。

2. SolidWorks 2020 的渲染工具

SolidWorks 2020 带有包含 190 多种材质的材料库，与 CAD 集成的渲染器 PhotoWorks 和可独立运行的渲染器 PhotoView360，带有 RealView、全局照明、间接照明、光线跟踪、焦散等高级渲染技术。

3. SolidWorks 2020 的渲染方式

（1）线框视图　线框显示的类型在显示样式栏里调节。

（2）着色视图　可以通过着色给产品上色，添加阴影效果，改变透明度，添加简单的纹理效果。

（3）照片级渲染　需要安装 PhotoView360 渲染插件，在插件中将其打开。

【任务实施】

1. 后脚跟垫着色

后脚跟垫的着色过程见表 4-12。

表 4-12　后脚跟垫的着色过程

序号	软件操作步骤	操作过程图示
1	单击“打开”图标，在弹出的对话框中找到柱塞泵学习准备文件夹，打开后脚跟垫三维模型	
2	进入建模界面，单击“外观”，进入“选择材料与颜色”对话框	
3	选择“塑料”，单击下三角图标，选择“高光泽”，在对话框的下半部分选择“深灰色高光泽塑料”，单击右键选择“添加外观到零件”，完成材料赋予	

（续）

序号	软件操作步骤	操作过程图示
4	如果颜色不符合设计要求，可将左边的建模栏切换成外观栏	
5	单击“深灰色高光泽塑料”，右键选择“编辑外观”，设置合适的颜色，然后单击左上方的“√”	

2. 渲染流程

通常情况下，使用“着色”命令，不能真实地表现出产品的外观，因此需要采用“渲染”命令进行贴图、场景等设置，使产品更加真实。

渲染步骤如下：

1）在模型上应用“材质”命令选择合适的材料。

2）编辑材质。

3）应用“贴图”命令将图片贴在相应的产品表面。

4）使用图像编辑软件修改贴图和掩码。

5）添加景观，增加立体感。

3. 渲染品质

根据想要得到的渲染结果，在渲染品质中选择“良好”“更佳”或“最佳”三种方式。其中，“良好”即渲染较快，用于初步观看；“更佳”是以合理的渲染速度产生图像；“最佳”能够产生最高品质的图像。

【查一查】

1. 通过查阅资料，了解 SolidWorks2020 软件中曲面模块中的其他命令，并简述边线设定中“交替面”的作用，以及相触、相切、曲率的含义。

2. 使用“照片渲染”功能对后脚跟垫进行渲染。

3. 在渲染设置的“表面粗糙度”栏中，有哪些表面粗糙度样式?

【学习评价】

学习活动完成后，依据考核评价表（表 4-13），由小组、教师、企业三方进行评价。

表 4-13　考核评价表

评价项目	考核内容	考核标准	配分	小组评分	教师评分	企业评分	总评
学习活动完成情况（80 分）	学习活动分析	正确率 =100%，20 分 80% ≤正确率＜ 100%，16 分 60% ≤正确率＜ 80%，12 分 正确率＜ 60%，0 分	20				
	填表	合理，20 分 基本合理，10 分 不合理，0 分	20				
	回答问题	规范、熟练，20 分 规范、不熟练，10 分 不规范，0 分	20				
	自学自测	每空 2 分	20				
职业素养（20 分）	知识	复习	每违反 1 次，扣 5 分，扣完为止				
	纪律	不迟到、不早退、不旷课					
	表现	积极、主动、互助、负责、有改进和创新精神等					
	6S 规范	符合 6S 管理要求					
总分							
学生签名			教师签名				

学习活动3：课后提升

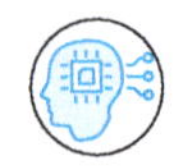

【复习反思】

1. 渲染方式有哪些？

2. 零部件在渲染过程中，主要步骤有哪些？

3. 渲染的目的是什么？

4. 绘制一款你喜欢的物品，并利用你所学的渲染方式对其进行渲染。

第5章　逆向设计应用

【教学目标】

知识目标：

1. 理解逆向工程的概念。
2. 掌握逆向设计的工艺路线及逆向设计的工作流程。
3. 了解逆向工程的应用领域。

能力目标：

1. 通过查找并阅读相关资料，能够说出传统设计与逆向设计的区别。
2. 能够简要说出逆向设计的基本过程。
3. 能够简要说出逆向设计各环节的主要工作内容。

素养目标：

1. 通过查找、搜索等手段，提高学生收集信息的能力。
2. 通过资料收集、分析、辨别，提升学生的分析能力和团队协作能力。
3. 培养学生的逆向设计与制造理念，激发学生对智能制造的兴趣。

【思维导图】

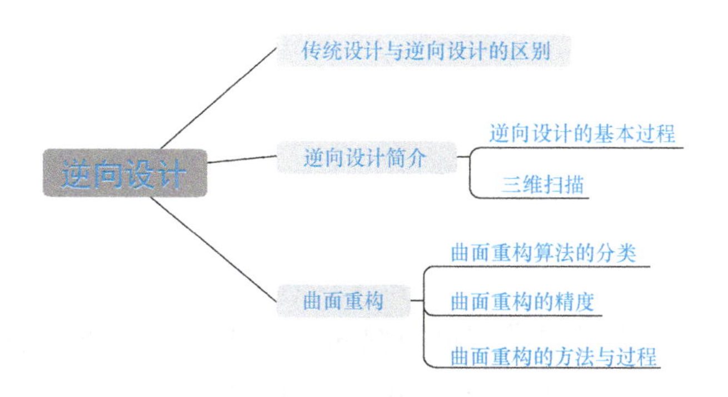

学习活动1：课前自学

【想一想】

1. 传统设计与逆向设计的区别

查阅资料，完成表 5-1。

表 5-1　传统设计与逆向设计比较

	传统设计	逆向设计
相同点		
不同点		

2. 逆向工程

逆向工程（Reverse Engineering，RE）也称反求工程或反向工程等，是通过各种测量手段及三维几何建模方法，将原有实物转化为三维数字模型，并对模型进行优化设计、分析和加工的过程。

【查一查】

1. 简述逆向工程的发展史。

2. 常用的逆向设计三维软件有哪些？

3. 常用的测量工具有哪些？

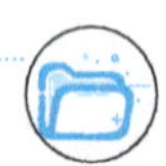

【知识拓展】

逆向设计的基本过程

逆向工程是对存在的实物模型进行测量，并根据测得的数据重构出数字模型，从而进行分析、修改、检验、输出图样并制造出产品的过程（图 5-1）。

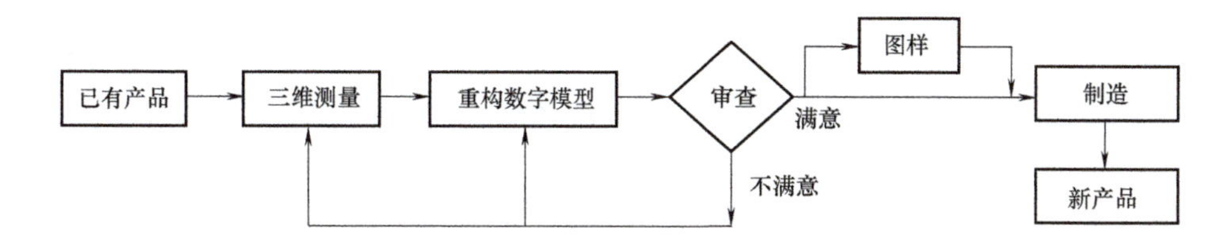

图 5-1　逆向设计过程

简单说来，传统设计与制造是从图样到零件（产品）的过程，而逆向设计则是从零件（或原型）到图样，再经过制造过程到零件（产品）的过程。在产品开发过程中，由于一些产品形状复杂，其中包含许多自由曲面，很难直接用计算机建立数字模型，常常需要以实物模型（样件）为依据或参考原型，进行仿型、改型或工业造型设计。如汽车车身的设计和覆盖件的制造，通常先由工程师用手工制作出油泥或树脂模型，形成样车设计原型，再用三维测量的方法获得样车的数字模型，然后进行零件设计、有限元分析、模型修改、误差分析和生成数控加工指令等。也可进行快速原型制造（即 3D 打印产品模型）并进行反复优化评估，直到得到令人满意的设计结果。因此可以说，逆向工程就是对模型进行仿型测量、CAD 模型重构、模型加工并进行优化评估的设计方法。表 5-2 列举了当今汽车设计过程实例。

表 5-2　汽车设计过程实例

序号	步骤	图示
1	手绘图	
2	效果图	
3	制作油泥模型	

（续）

序号	步骤	图示
4	设计师对模型进行修改	
5	采集点云数据	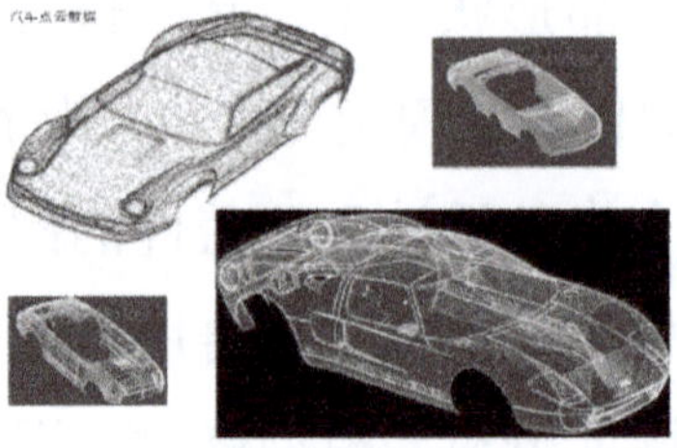
6	曲面构建	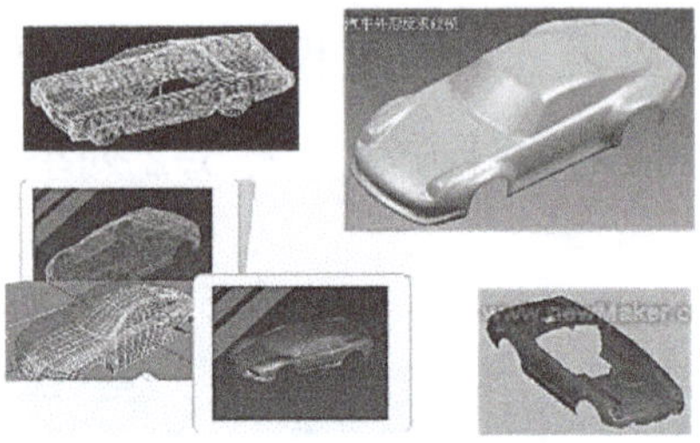
7	造型设计与装配	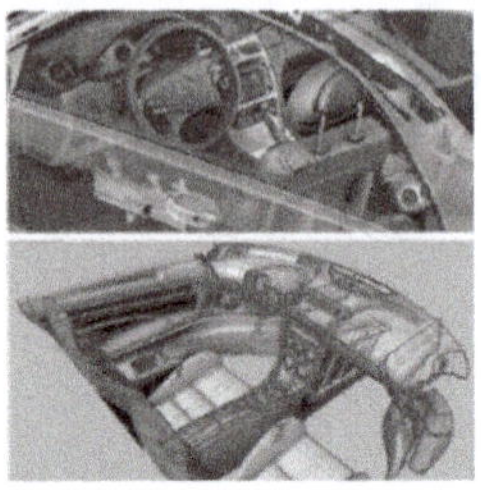
8	装配效果	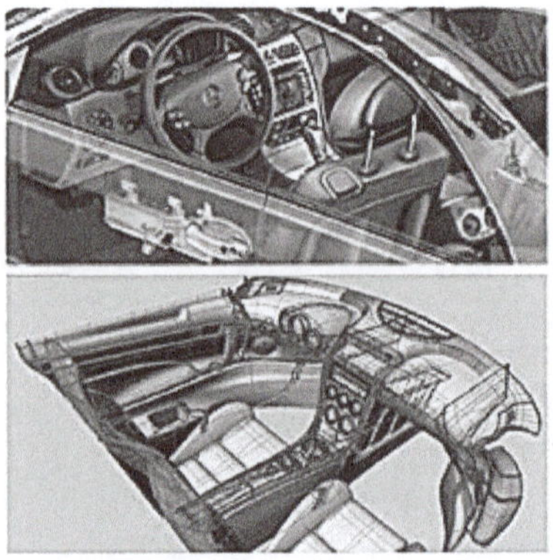

（续）

序号	步骤	图示
9	制作样车	
10	风洞试验	
11	碰撞测试	
12	路试	

逆向工程的一般过程（图 5-2）可分为实物的数据扫描、数据处理、模型重构和模型制造四个阶段。

1. 数据扫描

数据扫描是指通过特定的测量方法和设备，将物体表面形状转化成几何空间坐标，从而得到逆向建模以及尺寸评价所需数据的过程，这是逆向工程的第一步，是非常重要的阶段，也是后续工作的基础。数据扫描设备的方便性、快捷性，操作的简易程度，数据的准确性、完整性是衡量测量设备的重要指标，也是保证后续工作高质量完成的重要前提。目前，样件三维数据的获取主要通过三维测量技术来实现，通常采用三坐标测量机（CMM）、三维激光扫描仪、结构光测量仪等来获取样件的三维表面坐标值。数据扫描的精度除了与扫描设备的精度有关外，还与扫描软件和相关人员的操作水平有关。

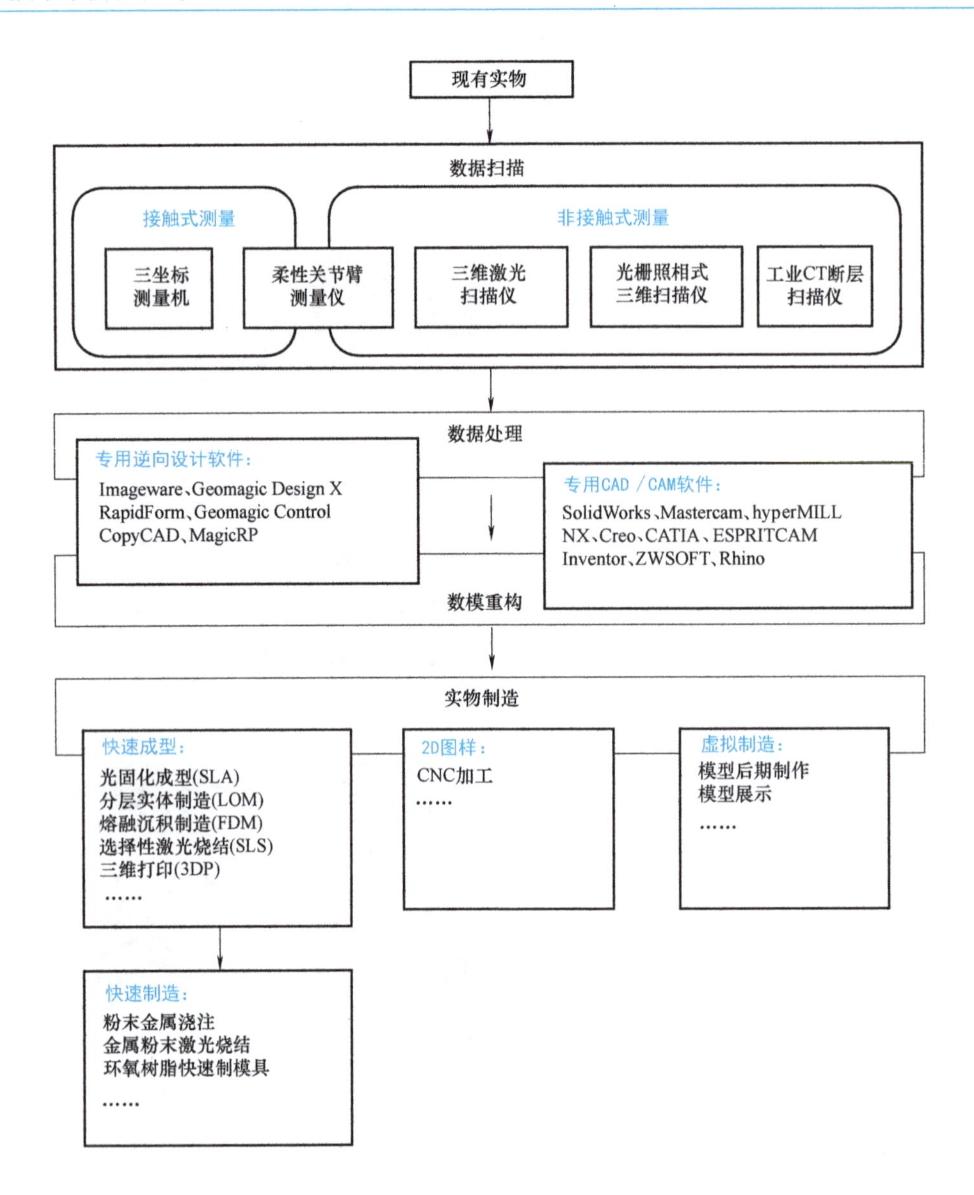

图 5-2　逆向工程基本流程

2. 数据处理

数据处理技术的关键包括杂点的删除、多视角数据拼合、数据简化、数据填充和数据平滑等，可为曲面重构提供有用的三角面片模型或者特征点、线、面。

（1）杂点的删除　由于在测量过程中常常需要一定的支撑结构或夹具，在非接触光学测量时，会把支撑结构或夹具扫描进去，这些都是体外的杂点，需要删除。

（2）多视角数据拼合　无论是接触式或非接触式测量方法，要获得样件表面所有的数据，需要进行多方位扫描，得到不同坐标下的多视角点云数据。多视角数据拼合就是把不同视角的测量数据对齐到同一坐标系下，从而实现多视角数据的合并。数据对齐方式一般有扫描过程中自动对齐和扫描后手动对齐，如果是扫描过程中自动对齐，必须在扫描件表面贴上专用的拼合标记点。数据扫描设备自带的扫描软件

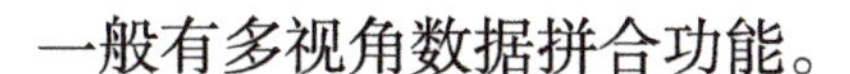

一般有多视角数据拼合功能。

(3) 数据简化　当测量数据的密度很大时，光学扫描设备常会采集到几十万、几百万甚至更多的数据点，存在大量的冗余数据，严重影响后续算法效率的提高，因此需要按一定要求减少数据量。这种减少数据的过程就是数据简化。

(4) 数据填充　由于被测实物本身的几何拓扑因素或者在扫描过程中受到其他物体的阻挡，会存在部分表面无法测量，所采集的数字化模型存在数据缺损的现象，因此需要对数据进行填充补缺。例如，某些深孔类零件可能无法测全；另外，在测量过程中常需要一定的支撑结构或夹具，模型与夹具接触的部分无法获得真实的坐标数据。

(5) 数据平滑　由于实物表面粗糙，或扫描过程中发生轻微振动等原因，扫描的数据中包含一些噪音点，这些噪音点将影响曲面重构的质量。通过数据的平滑处理，可提高数据的光滑程度，改善曲面重构质量。

3. 模型重构

三维模型重构是在获取了处理好的测量数据后，根据实物样件的特征重构出三维模型的过程。一般有两种重构方法：对于精度要求较低、形面复杂的产品，如玩具、艺术品等的逆向设计，常采用基于三角面片直接建模的方法；对于精度要求较高、形面复杂产品的逆向开发，常采用拟合 NURBS 或参数曲面建模的方法，以点云为依据，通过构建点、线、面来还原初始三维模型。三维模型的重构是后续处理的关键步骤，设计人员不仅需要熟练掌握软件使用方法，还要熟悉逆向造型的方法与步骤，并且要洞悉产品原设计人员的设计思路，然后再结合实际情况有所创新。

4. 模型制造

模型制造可采用 3D 打印技术、数控加工技术、模具的精密成形技术、超精密加工技术和 CIMS 技术等。随着国民收入和消费水平的提升，消费者对个性化定制化产品的需求逐年递增。3D 打印基于数字模型，能够根据不同消费者的需求设计和定制产品，不仅能实现柔性生产，促进制造企业由传统的大批量生产转向大规模定制，还能够大大缩短产品改进周期，降低优化成本。与此同时，3D 打印还能够极大精简供应链和生产流程，在不久的将来，不论消费者还是企业，都能通过各类智能终端设备制作或修改产品设计，方案提交后，位于云端的“大脑”将与遍布全国大大小小的 3D 打印平台乃至单独设备连接，双方在极短时间内完成自动化报价、比价、评估，然后进入分包、模块化生产环节。这种分布式供应链降低了仓储和物流成本，让生产更贴近终端市场，增强了供应链韧性。

【自学自测】

1. 逆向工程主要包括______、______、______和模型制造四个阶段。

2. 现有技术条件对样件的三维数据获取方式主要通过三维测量技术来实现，通常采用__________、__________和结构光测量仪等来获取样件的三维表面数据。

学习活动2：课中讲授

5.1 三维扫描简介

三维扫描技术就是使用三维扫描仪扫描实物表面的三维数据，所得到的大量三维数据的集合称为点云数据，对点云数据进行后处理可进行三维检测与逆向设计。

三维数据扫描是逆向工程的基础，所采集数据的质量直接影响最终模型的质量，也直接影响整个工程的效率和质量。在实际应用中，常常因为模型表面数据的问题而影响重构模型的质量。高效、高精度地实现样件表面的数据采集，是逆向工程实施的基础和关键技术之一，是逆向工程中最基本、最不可缺少的步骤。

三维扫描技术是一种先进的全自动、高精度立体扫描技术，通过测量空间物体表面点的三维坐标值，得到物体表面的点云信息，并转化为计算机可以直接处理的三维模型，又称为实景复制技术。

三维扫描技术是集光、机、电和计算机于一体的一项高新技术。该技术作为获取空间数据的有效手段，能够快速地获取反映客观事物实时、动态变化、真实形态特性的信息，在国内外诸多领域得到广泛的应用，显示出巨大的技术先进性。

三维扫描设备主要分接触式和非接触式两大类，如图 5-3 所示。

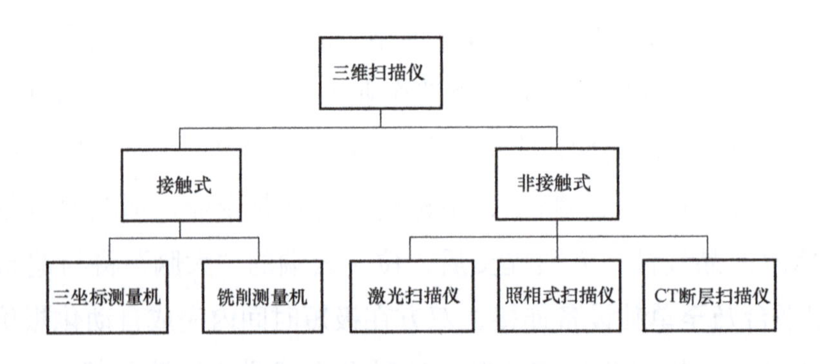

图 5-3　三维扫描设备的分类

1. 接触式

接触式测量又称为机械测量，三坐标测量机（图 5-4）是接触式测量仪中的典型代表，它以精密机械为基础，综合应用了电子技术、计算机技术、光学技术和数控技术等技术。根据测量传感器的运动方式和触发信号产生方式的不同，一般将接触式测量方法分为单点触发式和连续扫描式两种。

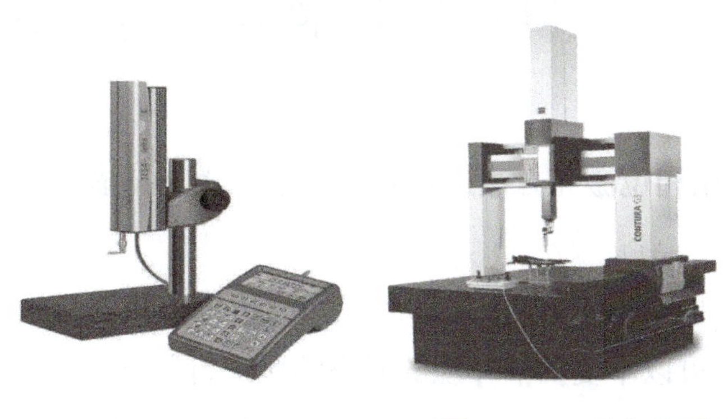

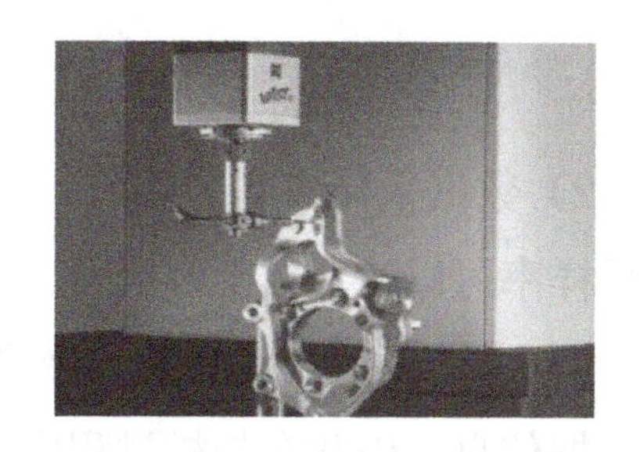

图 5-4　三坐标测量机

三坐标测量机的测量传感器的主要形式为各种不同直径和形状的探针（或称接触测头），当探针沿被测物体表面运动时，被测表面的反作用力使探针发生形变。这种形变触发传感器，将测出的信号反馈给测量控制系统，经计算机进行相关的处理后得到所测点的三维坐标。

三坐标测量机的特点：适用性强、精度高（可达微米级别）；不受物体光照和颜色的限制；适用于没有复杂型腔、外形较为简单的实体的测量；由于采用接触式测量，可能会损伤探头和被测物表面，不能对软质的物体进行测量，应用范围受到限制，受环境温度、湿度影响；同时扫描速度受到机械运动的限制，测量速度慢、效率低；无法实现全自动测量；接触测头的扫描路径不可能遍历被测曲面的所有点，其获取的只是关键特征点，因而测量结果往往不能反映整个零件的形状。

2. 非接触式

（1）三维激光扫描仪　现代计算机技术和光电技术的发展使得基于光学原理、以计算机图像处理为主要手段的三维自由曲面非接触式测量技术得到快速发展，各种各样的新型测量方法不断出现，它们具有非接触、无损伤、高精度、高速度以及易于在计算机控制下实行自动化测量等一系列特点，已经成为现代三维形面测量的重要途径及发展方向。而三维激光扫描仪在非接触式扫描中占据着非常重要的地位。图 5-5 所示为手持式三维激光扫描仪。

三维激光扫描仪的特点如下：

1）非接触测量。无须对扫描目标物体进行任何表面处理，直接采集物体表面的三维数据即可。可以用于解决危险目标、环境（或柔性目标）及人员难以到达的情况，具有传统测量方式难以完成的技术优势。

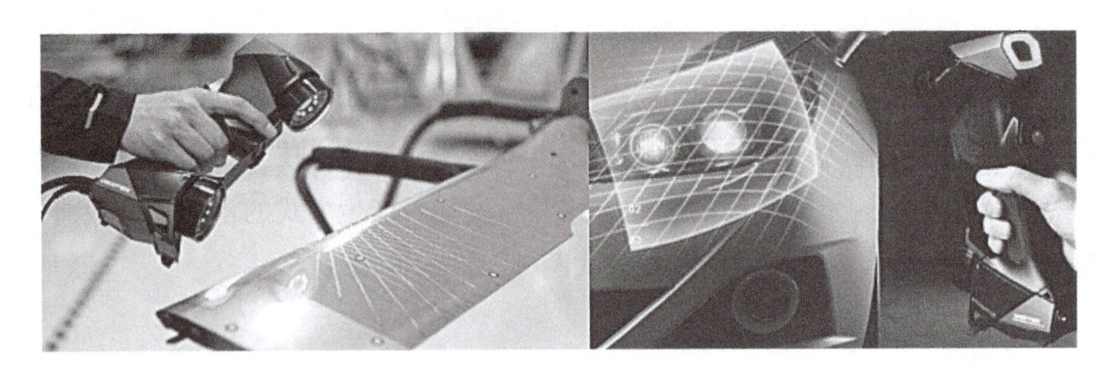

图 5-5 手持式三维激光扫描仪

2）数据采样率高。目前，采用相位激光方法进行测量的三维激光扫描仪，其数据采样率可以达到数十万点 /s。

3）主动发射扫描光源。激光通过探测自身发射的激光回波信号来获取目标物体的数据信息，因此在扫描过程中，可以不受扫描环境的时空约束进行测量。

4）高分辨率、高精度。三维激光扫描仪可以快速、高精度地获取海量点云 / 三角网格数据，可以对扫描目标进行高密度的三维数据采集，从而达到高分辨率。

5）数字化采集、兼容性好。三维激光扫描技术所采集的数据是直接获取的数字信号，具有全数字特征，易于进行后期处理及输出。能够与其他通用软件进行数据交换及共享，如 Geomagic、Imageware、NX\CATIA 等。

以上功能大大扩展了三维激光扫描技术的适用范围，使其对信息的获取更加全面、准确。外置数码相机可增强彩色信息的采集效果；结合 GPS，可进一步提高测量数据的准确性。

（2）三维照相式扫描仪　在非接触式三维扫描仪中，有一种三维白光 / 蓝光扫描仪，其工作过程类似于照相过程，扫描一个测量面快速、简洁，因此而得名，如图 5-6 所示。三维照相式三维扫描采用的是面光技术，扫描速度非常快，一般在几秒内便可以获取百万个测量点，基于多视角的测量数据拼接技术，可以完成对物体 360° 的扫描。

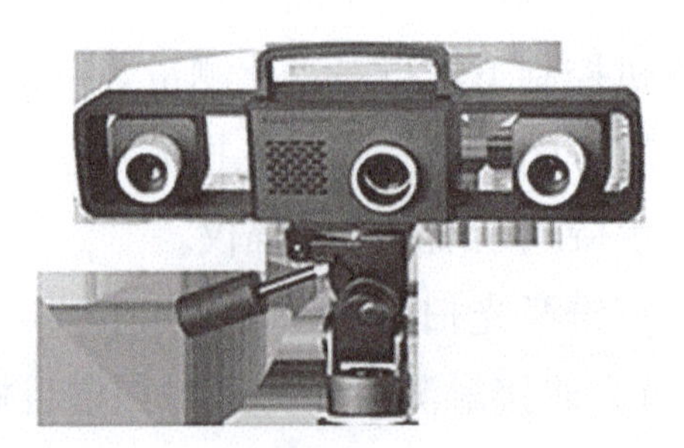

图 5-6 三维照相式扫描仪

三维照相式扫描仪的特点如下：

1）非接触测量。采用非接触扫描方式，稳定性高、适用范围广，可以测量外观复杂、柔软或易磨损的物体。

2）精度高。单面测量精度可达微米级别。

3）受材料限制。对个别颜色（如黑色）及透明材料有限制，需要喷涂显像剂才能较好地扫描出来。

（3）工业CT断层扫描仪　工业CT断层扫描法是对被测物体进行断层截面扫描的方法（图5-7）。基于X射线的CT扫描方法以测量物体对X射线的衰减系数为基础，用数学方法经过计算机处理而重建断层图像。这种方法最早被用于医学上，目前已被用于工业领域，形成了工业CT（ICT），特别适用于中空物体的无损检测。这种方法是目前最先进的非接触式测量方法之一，它可以测量物体表面、内部和隐藏的结构特征。但是，它的空间分辨率较低，获得数据需要较长的采集时间，重建图像计算量大、造价高。

图5-7　工业CT断层扫描仪

目前，工业CT技术已在航空航天、军事工业、核能、石油、电子、机械、考古等领域得到广泛应用。我国从20世纪80年代初期开始研究CT技术，清华大学、重庆大学、中国科学院高能物理研究所等单位已陆续研制出γ射线源工业CT装置，并进行了一些实际应用。

工业CT断层扫描仪的特点如下：

1）无损。在不损害或不影响被检测对象使用性能的前提下，采用射线原理技术并结合仪器，对材料、零件、设备进行缺陷、化学、物理参数检测，检测前后对物体没有任何损伤。

2）可视化。利用计算机图形学和图像处理技术，将数据转换成图形或图像在屏幕上显示出来，并进行交互处理。它涉及计算机图形学、图像处理、计算机视觉、计算机辅助设计等多个领域，成为研究数据表示、数据处理、决策分析等一系列问题的综合技术。

3）可检测尺寸范围广。既可检测 1mm 的小样品，也可检测 1000mm 的大样品。

4）应用范围广。工业 CT 测量技术已经成为解决复杂疑难质量问题的有效手段，适用于绝大部分材料和尺寸的检测任务，无缝对接塑料工程、精密机械及科研检测等领域的检测需求。

5）检测精度高、检测时间短。工业 CT 具有突出的密度分辨能力，高质量的 CT 图像密度分辨率甚至可达到 0.3%，与常规无损检测技术相比，至少高出一个数量级。

6）图像更易于存储、传输、分析和处理。由于工业 CT 图像直观，图像灰度与工件的材料、几何结构、组分及密度特性相对应，不仅能得到缺陷的形状、位置及尺寸等信息，结合密度分析技术，还可以确定缺陷的性质，使长期以来困扰无损检测人员的缺陷空间定位、深度定量及综合定性问题有了更直接的解决途径。

5.2 非接触式三维扫描原理

非接触式三维扫描设备是利用某种与物体表面发生互相作用的物理现象，如光、声和电磁等，来获取物体表面三维坐标信息的。其中，以应用光学原理发展起来的测量方法目前应用最为广泛，如激光三角法、结构光法等。由于其测量迅速，并且不与被测物体接触，因而具有能测量柔软质地物体等优点，越来越受到人们的重视。

1. 激光三角法

激光三角法是目前最成熟，也是应用最广泛的一种主动式方法。激光三角法的测量原理如图 5-8 所示。由激光源发出的光束，经过由一组可改变方向的反射镜组成的扫描装置变向后，投射到被测物体上。摄像机固定在某个视点上观察物体表面的漫射点，图中仅摄像机与反射镜间的基线位置是已知的，激光束的方向角 θ 可由焦距 L 和成像点的位置确定。因此，根据光源、物体表面反射点及摄像机成像点之间的三角关系，可以计算出表面反射点的三维坐标。激光三角法的原理与立体视觉在本质上是一样的，不同之处是将立体视觉方法中的一个“眼睛”置换为光源，而且在物体空间中通过点、线或栅格形式的特定光源来标记特定的点，可以避免立体视觉中对应点不匹配的问题。

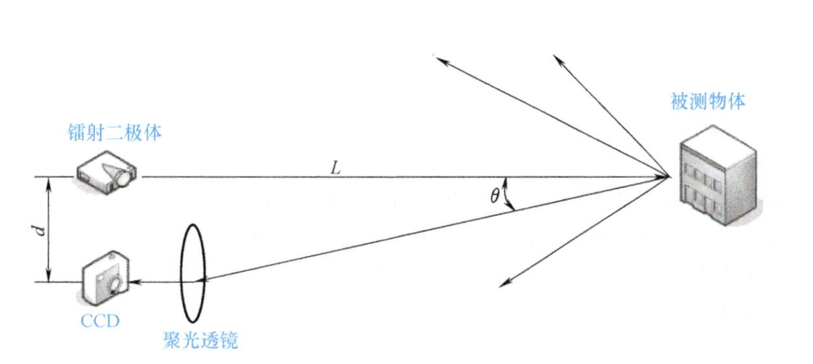

图 5-8　激光三角法的测量原理

2. 结构光法

结构光三维扫描法简称结构光法，是集结构光技术、相位测量技术、计算机视觉技术于一体的复合三维非接触式测量技术。结构光测量原理如图 5-9 所示，测量时光栅装置投射数幅特定编码的结构光线到待测物体上，成一定夹角的两个（或多个）摄像头同步采集相应图像，然后对图像进行相位和解码计算，并利用匹配技术、三角形测量原理，解算出两个（或多个）工业相机公共视场内物体表面像素点的三维坐标。

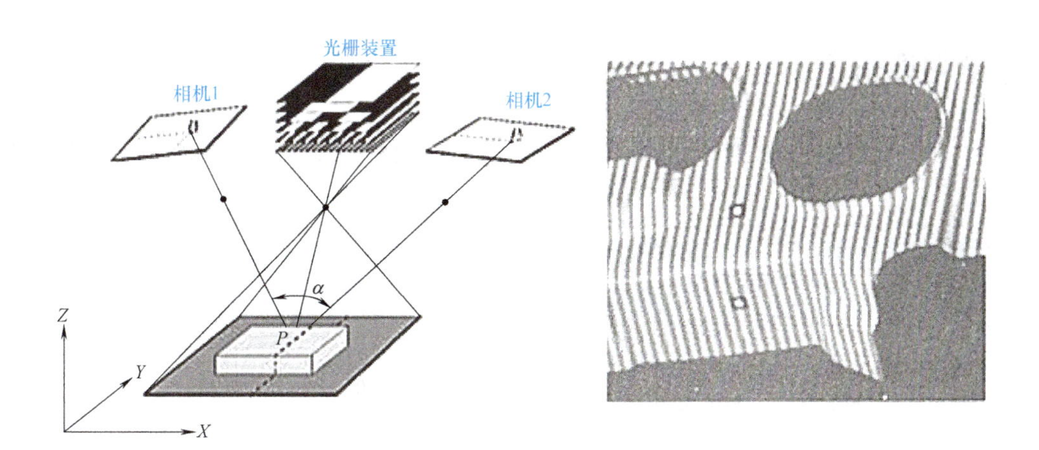

图 5-9　结构光测量原理

ATOS 扫描仪的基本工作流程见表 5-3。

表 5-3　ATOS 扫描仪的基本工作流程

工作项目	工作内容	图示
扫描头的定位和测量	ATOS 扫描头可以通过手动或自动形式，移动到工件前。每次测量后，扫描头或工件都可以移动到之前扫描中未捕捉到的区域。而最后所有单独的测量数据都会自动转换成一个共同的坐标系，并合成一个完整的三维点云	

（续）

工作项目	工作内容	图示
评估	经过计算后的多边形网格，能实现工件的自由曲面和基元。同时也可与技术图样或者直接与 CAD 数据集进行对比分析。通过软件可以进行三维分析以及二维截面或点分析，也可以根据 CAD 数据生成线、面、圆或圆柱等基元	
报告与结果	详细检测结果可在自定义报告中列出，报告中包含截面图、图像、表格、图表、文本和图形。自定义报告界面上可显示结果并对其进行编辑，以及输出 PDF 文件	

【讲一讲】

1. 目前国际上主流的三维扫描设备主要有哪些？
2. 根据你的职业生涯规划，最想学习哪种三维扫描设备？请说明原因。

【学习评价】

学习活动完成后，依据考核评价表（表 5-4），由小组、教师、企业三方进行评价。

表 5-4　考核评价表

<table>
<tr><th>评价项目</th><th>考核内容</th><th>考核标准</th><th>配分</th><th>小组评分</th><th>教师评分</th><th>企业评分</th><th>总评</th></tr>
<tr><td rowspan="4">学习活动完成情况（80 分）</td><td>学习活动分析</td><td>正确率 =100%，20 分
80% ≤正确率＜ 100%，16 分
60% ≤正确率＜ 80%，12 分
正确率 <60%，0 分</td><td>20</td><td></td><td></td><td></td><td></td></tr>
<tr><td>填表</td><td>合理，20 分
基本合理，10 分
不合理，0 分</td><td>20</td><td></td><td></td><td></td><td></td></tr>
<tr><td>回答问题</td><td>规范、熟练，20 分
规范、不熟练，10 分
不规范，0 分</td><td>20</td><td></td><td></td><td></td><td></td></tr>
<tr><td>自学自测</td><td>每空 2 分</td><td>20</td><td></td><td></td><td></td><td></td></tr>
<tr><td rowspan="4">职业素养（20 分）</td><td>知识</td><td>复习</td><td rowspan="4">每违反 1 次扣 5 分，扣完为止</td><td rowspan="4"></td><td rowspan="4"></td><td rowspan="4"></td><td rowspan="4"></td></tr>
<tr><td>纪律</td><td>不迟到、不早退、不旷课</td></tr>
<tr><td>表现</td><td>积极、主动、互助、负责、有改进和创新精神等</td></tr>
<tr><td>6S 规范</td><td>符合 6S 管理要求</td></tr>
<tr><td>总分</td><td colspan="7"></td></tr>
<tr><td colspan="2">学生签名</td><td></td><td colspan="2">教师签名</td><td colspan="3"></td></tr>
</table>

学习活动3：课后提升

【拓展阅读】

5.3　曲面重构简介

1. 曲面重构算法的分类

三维曲面的重构首先要进行点云的采集，然后进行曲面重构，并结合逆向工程的软件，重新设计比较复杂的三维曲面，得到光滑、无误的实体模型，并应用 3D 点云对齐的方式对重构模型进行误差分析，以达到最佳的重构效果。

在逆向工程中，最重要的一步是重新对实体进行三维曲面重构。这是因为产品的再设计、模型分析、虚拟仿真、加工制造过程等应用都需要根据三维数据模型进行。三维数据模型越准确，这些过程得到的结果也会越准确。要获得精确的数据模型，一方面需要良好的硬件设备和操作软件，另一方面与操作人员的熟练程度有很大的关系。这是一个复杂、烦琐、技术性强的过程，国内外的众多学者都针对如何快速、准确地实现模型重构进行了大量的试验与总结，得到了很多曲面重构算法。现在常用的曲面重构算法根据曲面类型、数据来源、造型方式分为以下几种：

1）按点云类型可分为规则排序的点与不规则排序的点。

2）按数据来源可分为三坐标测量、软件造型、光学测量等途径。

3）按造型的方式可分为根据曲线生成曲面与根据曲面拟合实体模型。

4）按曲面表现形式可分为曲面边界表示、曲面四边 B 样条表示、三角面片和三角网格表示的模型重构。通常，采用 NURBS 曲线、Bezier 曲面来表示长方形区域面重构的自由曲面，而采用 NURBS 和三角域的拓扑结构来进行散乱点的自由曲面重构。

2. 曲面重构的精度

在进行曲面重构前，必须了解数据模型的基本信息与要求。基本信息包括实体的几何特征、构造特点等；应用要求包括数据分析、产品制造、模具设计、快速成型制造等，根据数据模型的基本信息与要求进行曲面重构。

在逆向工程中，如何构建出比较精确的数据模型是一项十分重要的内容。如果在建立数据模型的过程中达不到精度要求，那么后期就无法完全将实体模型还原出来。

使用多面体来拟合曲面，可以提高模型的建立和修改速度，并且在仿真、3D 演示与数控加工过程中也更加快速，所以使用多面体进行曲面重构具有很高的效率。然而要形成多面体数据模型，需要把所获得的点云连接成面片，需要耗费大量的计算时间，而且获得的模型中也不可避免地存在重叠等错误。另外，对于平面的数据区域，也没有必要构建复杂而紧密的网格数据。这样，对点云数据的后处理过程就非常的重要。

3. 三维曲面重构的方法与过程

在逆向工程中，如果要建立模型，通常首先要获得三维曲面数据，然后根据曲面数据生成实体模型数据。在进行三维曲面重构时，一般遵循先后构建点、曲线、曲面的原则。在进行三维曲面构建时，需要根据曲面的类型选择合适的建立方式，以使得生成的曲面更加光顺、精确。曲面的建立方法多种多样，可以根据不同的曲面类型灵活地选择，如可以根据点云数据直接获得曲面，也可以通过蒙皮、扫掠等方法获得曲面，或者根据点阵和曲线进行三维曲面的建立等。下面对三种创建三维曲面的方法进行介绍。

（1）根据曲线建立三维曲面模型　先将数据点通过插值或逼近拟合成样条曲线或参数曲线，然后完成曲面面片的造型，再将曲面延伸、剪裁等。这种方法适用于数据量不大，并且数据点的排列比较有规律的情况。如果曲线比较密集，建立的曲面就不容易获得良好的光顺性；而如果曲线过少，则无法获得很高的精度。这是这种方法比较明显的缺点。

（2）根据曲面特征及约束建立三维曲面模型　在进行产品设计时，很多零件都可以根据一些特征点进行设计。在曲面造型时，也可以根据零件的几何特征生成曲面，特征之间还具有确定的几何约束关系。这样，三维曲面模型的重构还应考虑产品的设计特征与特征间的约束关系，将它们还原成所需要的数据模型。这个过程与多数工业产品的设计意图相符合，能够有效地解决产品的装配对齐、造型的对称问题，进而减少误差，提高三维曲面的造型质量。

根据曲面特征进行三维曲面的重构，将正向设计中的特征技术引入逆向工程中，根据测量得到的点云数据得到设计特征，然后再根据这些特征以及特征间的约束关系重新建立三维曲面模型。这种方法的关键是要在点云数据中获取设计意图以及明显的设计特征。多数机械零件产品都是按一定特征设计和制造的，利用特征技术构造的数据模型包含了原始的、表达产品设计思路的特征信息，同时机械零件产品特征之间具有确定的几何约束关系。这样，在实体模型重构过程中，必须对其中的特征以及它们之间的约束进行还原，如果忽略掉特征或几何约束的话，所得到的数据模型将是不准确的。而在数据处理过程中，约束的确定非常困难，因为测量的数据点只有位置信息，并不包含特征关系与约束关系，需要对整个模型进行重新分析和判断，即使这样，得到的约束关系仍然有很大的不确定性。这个过程一般通过人工引导，半自动地实现。

根据模型特征及约束构建三维曲面并生成模型的方法不仅是数据建模的发展方向，也是产品设计的一种新方法。现在根据产品的特征以及约束条件进行曲面构建，对于比较复杂的自由曲面、复合曲面仍然比较困难。对于实际产品的设计，很多产品并不是简单地由一个曲面构成的，而是由多个曲面拼接、过渡所得到的，这样的复杂曲面在进行特征的提取与约束条件的判定时会变得困难，并且在进行数据分割时也有较大的难度。因此，想要建立精确而光滑的曲面模型仍然是比较困难的。

【讲一讲】

根据以上资料，谈一谈曲面重构在逆向工程中的地位如何。并简述曲面重构的基本过程。

第 6 章　柱塞泵柱塞的设计与打印

【教学目标】

知识目标：

1. 认真阅读任务单，清楚柱塞泵柱塞的设计与打印工作任务内容。
2. 了解柱塞泵的作用。
3. 熟知柱塞泵的结构特点及应用场合。
4. 会使用 Solid Works 软件中的拉伸、旋转等相关命令完成设计任务。
5. 能完成 3D 打印作品的切片及后处理任务。

能力目标：

1. 能根据柱塞泵的结构特点，设计完成柱塞的结构三维图。
2. 能够绘制柱塞的工程图。
3. 能根据柱塞的结构进行数据处理及切片。

素养目标：

1. 通过查找、搜索等手段，提高学生查阅、收集信息的能力。
2. 通过资料收集、分析、辨别，提升学生的分析能力和团队协作能力。

【思维导图】

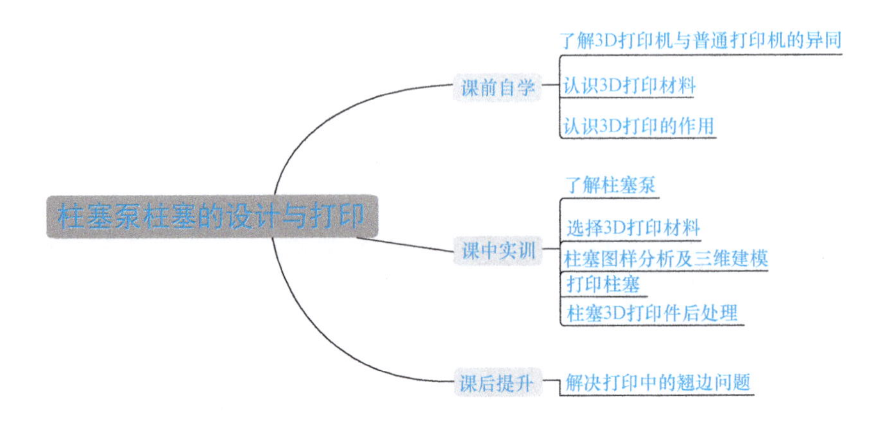

学习活动1：课前自学

【想一想】

1. 3D 打印机与普通打印机的异同。

完成表 6-1。

表 6-1　3D 打印机与普通打印机的异同

	普通打印机	3D 打印机	备注
图片			查阅资料，粘贴相关打印机图片
相同点			查阅资料分析
不同点			查阅资料分析
提示	A. 打印平面图形　B. 打印立体图形 C. 工作原理　D. 打印材料是墨水、纸张 E. 材料盒中装有塑料、尼龙、玻璃、金属、陶瓷灯等不同的“打印材料” F. “打印材料”——层层叠加		

2. 3D 打印与传动生产制造方式的区别。

传统的生产制造方式有等材制造和减材制造。请连线（表 6-2）判断各图分别属于哪种生产制造方式。

表 6-2　3D 打印与传统生产制造方式的区别

生产制造方式	连线	图例
减材制造		 3D 打印
增材制造		 铸造加工

（续）

生产制造方式	连线	图例
等材制造		车削加工

【查一查】

1. 常用的 3D 打印材料有哪些？

2. 查一查，常用的三维工业设计建模软件有哪些？

学习活动2：课中实训

6.1　柱塞泵简介

1. 了解柱塞泵

柱塞式液压泵（图 6-1），简称柱塞泵是依靠柱塞在缸体内的往复运动形成密封容积的变化，以实现吸油和压油的。

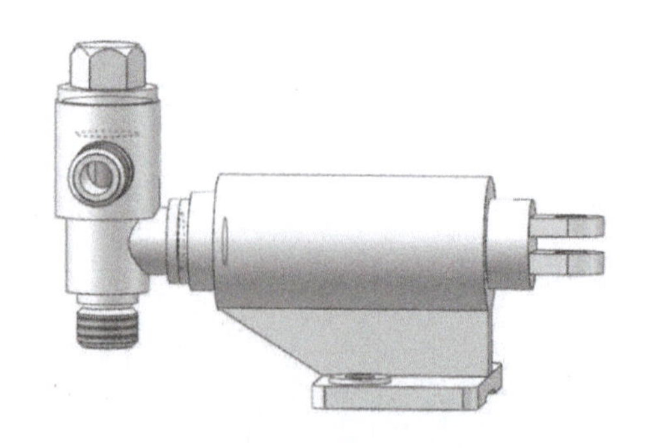
图 6-1　柱塞式液压泵

当柱塞做后拉运动时，出口管道阀门关闭而进口管道阀门打开，流体便从进口管道被吸进缸体中；当柱塞做前推运动时，进口管道阀门关闭而出口管道阀门打开，缸体中的流体被压，便从出口管道送出，柱塞在缸体中不停地往复运动，流体就源源不断地输送到目标机构中，这就是柱塞的作用。通常柱塞主要用在工作压力较高的场合，压力较低的场合多采用其他机构。

2. 选择 3D 打印材料

根据任务要求，制作柱塞泵的教学模型，从成本和低碳环保的角度考虑，采用生物塑料中的 PLA 材料。PLA 具有良好的生物可降解性，使用后能被自然界中的微生物在特定条件下完全降解，最终生成二氧化碳和水，不污染环境，是公认的环保材料。

3. 认识 3D 打印的作用

3D 打印模型用于测试，可以很好地解决问题。3D 打印模型可以较为精准地还原设计细节，经过反复测试，可以帮助优化产品设计。同时，在节约制作费用和时间成本上也有很大的优势，可以有效地提高设计效率，加快产品的实用化和商业化进程。利用 3D 打印技术，可在产品开发过程中快速得到产品样机，以提供设计验证与功能验证，检验产品的可制造性和装配性等。

【写一写】

1. 列举你所知道的液压泵的类型？

2. 分析齿轮液压泵和柱塞液压泵的异同点？

6.2　柱塞图样分析及三维图形绘制

1. 柱塞二维图样识读与三维建模设计

特征建模是利用实体模块所提供的功能，将二维轮廓转换成为三维实体模型，然后在此基础上添加所需的特征，如抽壳、钻孔、倒圆角等命令。分析柱塞的结构特征，并在此基础上进行创新设计。

对于柱塞的设计，需要用到基本的实体建模命令，除此之外，还需要运用草图、曲线造型等命令。此外，在细节设计上会遇到一些特殊的操作技巧，如基准平面的创建、倒圆角、钻孔等。

依照柱塞的二维图样（图 6-2a）进行创新设计。其三维模型的设计步骤如下：

1）创建柱塞的主体结构，即 ϕ32mm 圆柱体。

2）创建左侧两个圆弧形状的耳朵结构。

3）创建 ϕ10mm 孔。

创建完成的柱塞模型如图 6-2b 所示。

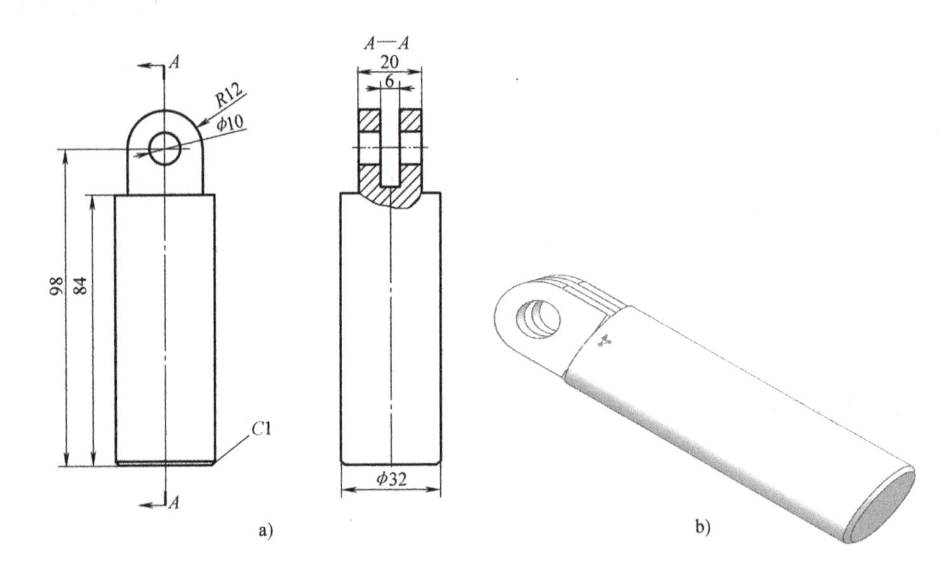

图 6-2　柱塞二维图样与三维模型

2. SolidWorks 基本操作命令

SolidWorks 基本操作命令见表 6-3。

表 6-3　SolidWorks 基本操作命令

命令及符号	说明	图例
创建二维草图 草图绘制	选取一个平面绘制草图，三维草图可以在软件预设的基准面上绘制，也可在已存在的实体表面（平面）绘制	

（续）

命令及符号	说明	图例
创建直线、平行线	创建直线、平行线、垂直线、角度线	
拉伸实体 拉伸凸台/基体	通过拉伸草图，将深度添加到开放或闭合的截面轮廓或面域上，创建拉伸特征或实体	
倒圆角 圆角	对一个或多个边或面增加圆角或圆边	

3. 柱塞建模过程

柱塞建模过程见表 6-4。

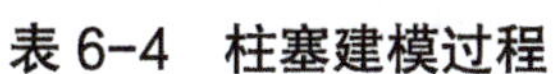

表 6-4　柱塞建模过程

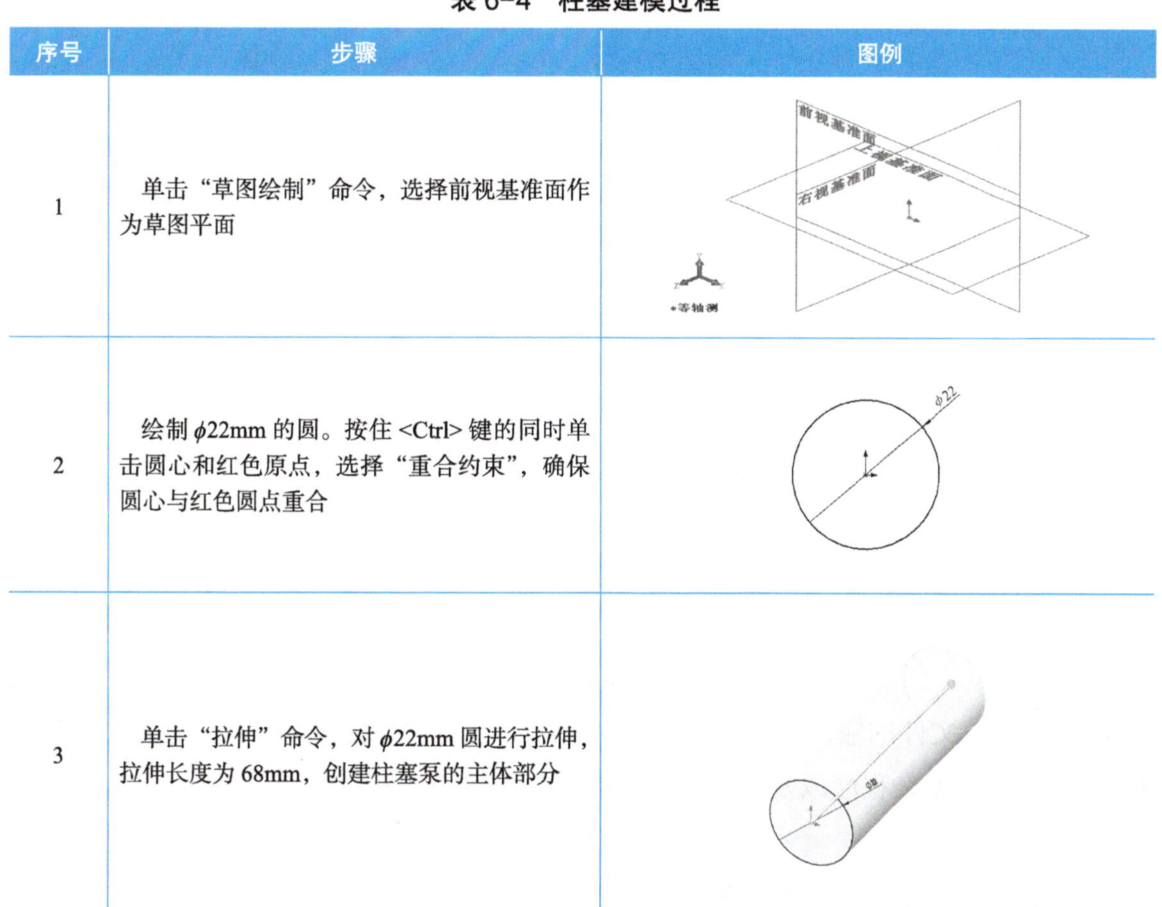

序号	步骤	图例
1	单击“草图绘制”命令，选择前视基准面作为草图平面	
2	绘制 ϕ22mm 的圆。按住 <Ctrl> 键的同时单击圆心和红色原点，选择“重合约束”，确保圆心与红色圆点重合	
3	单击“拉伸”命令，对 ϕ22mm 圆进行拉伸，拉伸长度为 68mm，创建柱塞泵的主体部分	

（续）

序号	步骤	图例
4	以 *YZ* 平面为绘图平面，创建右图所示草图，绘制单侧耳朵的草图形状	
5	通过“拉伸”命令，对绘制的单侧耳朵图形进行拉伸，采用两边拉伸的方式，耳朵的厚度为 4mm	
6	采用“倒圆角”“倒角”命令，对柱塞进行倒圆角、倒角	

6.3 格式转换及相关参数介绍

1. 数据处理

设计完成后，首先要将三维模型设计文件转化为快速成型设备能够运行的数据文件。

当 CAD 模型在 CAD/CAM 系统中完成之后，在进行快速原型制作（3D 打印）之前，需要进行 STL 文件的输出。在 SolidWorks 2020 中有 STL 文件的输出数据接口，操作较为简单。在 STL 文件输出过程中，根据模型的复杂程度和所要求的精度要求，可以选择 STL 文件的输出精度。在输出过程中，选取的精度要求和控制参数应该根据 CAD 模型的复杂程度以及快速原型的精度要求综合考虑。

2. 柱塞模型数据格式转换

保存柱塞产品实体为 STP 格式。

由于 3D 打印需要使用 STL 格式，所以，应将设计的柱塞模型另存为 STL 格式（图 6-3 和图 6-4）。

图 6-3　保存为 STL 格式模型　　图 6-4　柱塞的 STL 模型文件

6.4　柱塞泵柱塞打印

调整 3D 打印机，对柱塞进行打印。

柱塞的 3D 打印过程见表 6-5。

表 6-5　柱塞的 3D 打印过程

序号	操作	说明	图示
1	检查 3D 打印机，调平打印平台	检查打印机是否水平；检查喷头是否清洁干净，如有残留物，应先清洁喷头表面	
2	打开柱塞模型文件	打开“3dStart”软件中模型文件的方法有多种：可以利用“打开”→“最近使用的文档”→“示例模型”，或使用鼠标拖动 STL 文件到程序视图区域	

（续）

序号	操作	说明	图示
3	调整 STL 文件的位置及大小	单击“模型编辑”对柱塞进行移动、旋转、缩放、镜像等操作，使柱塞在打印过程中保持平整，尽量选择较少的支撑放置位置；确保模型在打印平台上	
4	生成路径	单击“生成路径”，生成“路径生成器”，选择合适的打印模式、支撑模式，设置正确的打印参数，单击“确定”按钮，生成打印路径	
5	开始打印	路径生成后，可以在视图区域看到打印预览效果。检查是否生成基座，是否根据设置生成打印路径 开始打印：可采用两种打印方式，即联机打印和脱机打印	

6.5　3D 打印件后处理

3D 打印得到初步产品后，还要对其进行必要的后处理才能得到最终的产品。

1. 去除支撑

柱塞在打印过程中，支撑相对较少，只需要去除两个耳朵处及孔内的支撑即可。去除支撑前，应先用酒精浸泡 3~5min。

注意：处理支撑时要戴防护手套，内部悬空部分的支撑用酒精清洗时边洗边

去除。

2. 清洗

1）从 3D 打印设备上取下的产品表面附着有黏腻的光敏树脂，需要将其清洗掉。

2）用刷子、清洁布等对柱塞的外表面和孔内壁进行清洗，用刮刀将内部支撑清除掉。

3）再次清洗和清理。

3. 打磨

最后对柱塞进行打磨，先用砂纸进行手工打磨，对内外表面进行修整。再用机器打磨手工修磨不到的地方，保证最终的表面质量。

从三维模型到实物的 3D 打印快速制造，整个过程需要 3h，相比传统制造先制作模具再生产来说，大大节约了时间成本，而且整个成型过程可实现无人值守，也节约了人力成本。

6.6　实训总结与评价

实训结束后，依据考核评价表进行评价（表 6-6）。

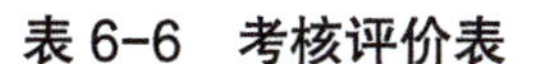

表 6-6　考核评价表

被考评人			考评地点			
考评内容		柱塞泵柱塞制作情况				
考评指标		考评标准	分值	自我评价	小组评议	实际得分
专业知识技能掌握	建模	建模完整，尺寸正确	40			
	3D 软件操作	各项参数设置正确	10			
	设备操作	设备使用方法正确、规范	10			
	3D 打印后处理	后处理方式恰当，零件质量完好	15			
素质培养	出勤	按时到岗，学习准备就绪	10			
	道德自律	自觉遵守纪律，有责任心和荣誉感	5			
	学习态度	积极主动，不怕困难，勇于探索	5			
	团队分工合作	能融入集体，愿意接受任务并积极完成	5			
合　计			100			
考评辅助项目：			备　注			
本组之星			两项评选活动是为了激励学生的学习积极性			
组间互评						

（续）

填表说明	1. 实际得分 = 自我评价 40%+ 小组评议 60% 2. 考评满分为 100 分，60 分以下为不及格；60 ～ 74 分为及格；75 ～ 84 分为良好；85 分及以上为优秀 3. “本组之星”可以是本次实训活动中的突出贡献者，也可以是进步最大者，同样可以是其他某一方面表现突出者 4. “组间互评”是由评审团讨论后对各组给予的最终评价。评审团由各组组长组成，当各组完成实训活动后，各组长先组织本组内进行商议，然后各组长将意见带至评审团，评价各组整体工作情况，将各组互评分数填入其中

6.7 骰子的设计与打印（任务拓展）

完成图 6–5 所示骰子的设计与 3D 打印。

图 6–5 骰子

第7章　柱塞泵上阀瓣的设计与打印

【教学目标】

知识目标：

1. 明确上阀瓣在柱塞泵中的作用以及设计与打印工作任务内容。

2. 掌握用 SolidWorks 2020 完成上阀瓣建模及相关命令方法，包括拉伸、圆周阵列、圆角等。

3. 会使用切片软件。

4. 了解 3D 打印零件的后处理工作。

技能目标：

1. 能够根据上阀瓣的工程图样，完成其三维模型的构建。

2. 能对 3D 打印作品进行切片并使用 3D 打印机完成上阀瓣零件的制作。

3. 能对上阀瓣零件进行后处理，以方便后续装配任务。

素养目标：

1. 通过完成制件过程，提高分析问题的能力。

2. 通过严谨的建模过程，养成认真、务实的学习和工作习惯。

工作情景描述：

了解柱塞泵上阀瓣的功能，并根据图样完成上阀瓣的三维建模，随后将三维模型转出 STL 模型并导入切片软件进行切片。最后，将切片好的数据导入 3D 打印机完成模型的制作，制作后的模型需要使用工具进行后处理，以保证零件有较好的表面质量。

上阀瓣在整个柱塞泵中起到控制出水口打开与关闭的作用。吸水时，出水口关闭（形成密封空间后水方能吸入），而压水时，出水口则应打开。那么，上阀瓣如何控制出水口的开闭？

柱塞泵吸水时，柱塞向后撤退，此时泵体中间形成密封空间而造成负压，上阀瓣在负压的作用下向下移动，此时出水口关闭（图 7-1）。而当柱塞向前移动时，泵体内部压力增大，并推动上阀瓣向上运动，此时出水口打开，水流从出水口流出，完成了将水压出的动作（图 7-2）。

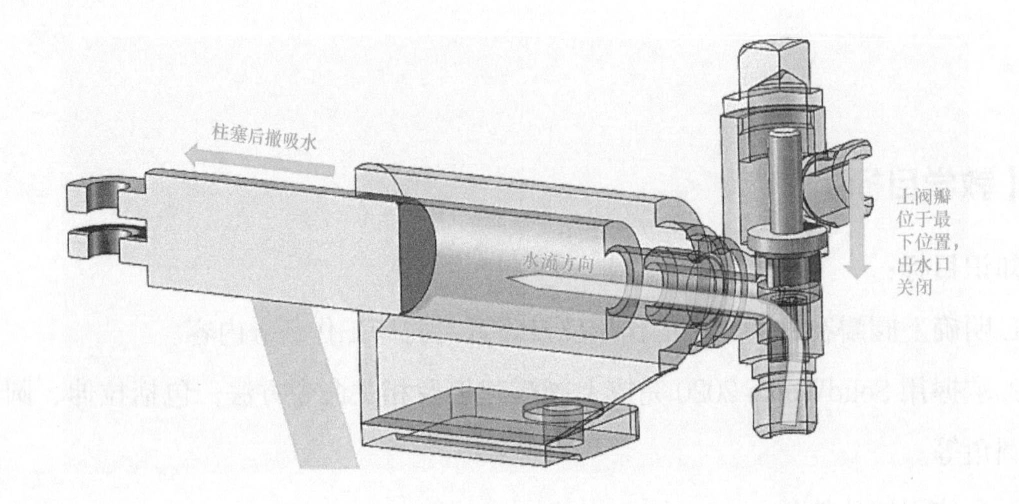

图 7-1　柱塞泵吸水过程

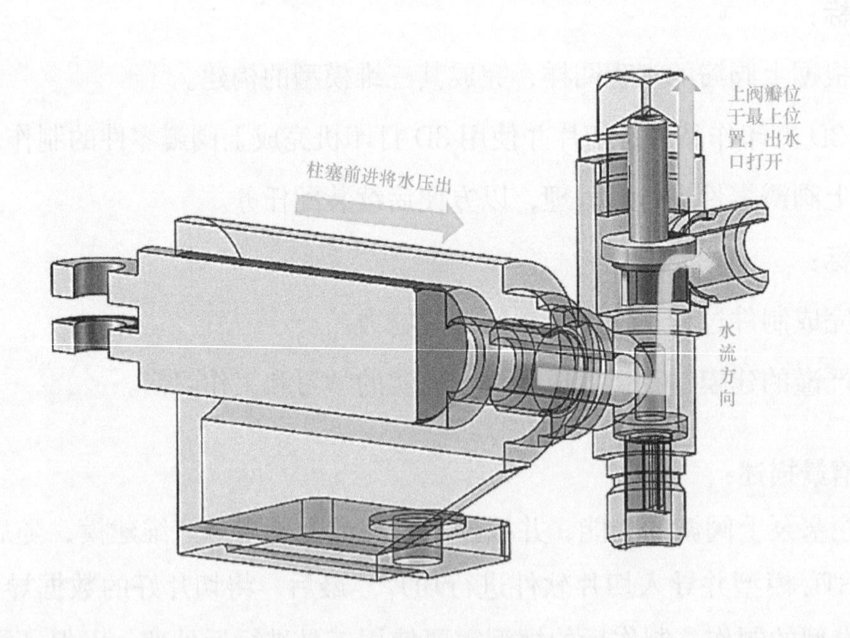

图 7-2　柱塞泵压水过程

学习活动1：课前自学

【查一查】

查阅相关资料，完成以下问题。

1）完成表 7-1。

表 7-1　FDM 打印材料名称及特点

序号	材料名称	特点（优、缺点）	应用场合
1	ABS		
2	PLA		
3	TPU		
4	碳纤维		
5	尼龙		

2）FDM 打印机的优缺点是什么？为什么 FDM 能够成为应用最广泛的 3D 打印技术？

3）ABS 和 PLA 最合适的打印温度是多少？

4）简述 FDM 打印切片软件的作用，常见的导出打印格式是什么？

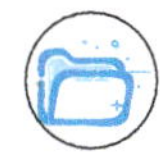

【知识拓展】

FDM（Fused Deposition Modeling）是一种 3D 打印技术，也被称为熔融沉积成型。它是一种快速成型技术，可制造具有复杂形状的零件，并用于快速原型制作，制造小批量产品和特殊工具。

FDM 打印的工作流程通常包括以下步骤：

CAD 建模：使用计算机辅助设计软件（CAD）或其他途径获得 3D 模型。

生成 STL 文件：将 CAD 模型导出为 STL 文件，该文件将被 FDM 打印切片软件使用。

切片：使用切片软件将 STL 文件转换为机器语言，该语言可以被 FDM 打印机理解并执行。在这个过程中，可以对模型进行分层、设置支撑结构、打印方向和材料使用等参数的设置。

打印：将切片后的机器语言上传到 FDM 打印机。

后处理：对打印好的零件进行去支撑、打磨、抛光等操作。

【自学自测】

1. FDM 打印通常包括 _____、_____、_____、_____、_____等步骤。
2. FDM 打印的常见材料有 _____、_____、_____、_____、_____。

学习活动2：课中实训

7.1 上阀瓣图样分析及三维操作

1. 分析图样，明确建模思路

分析图 7-3，了解上阀瓣的结构。从图中可以看出，上阀瓣主体为三个圆柱加三个牙瓣，可用拉伸或旋转命令完成主体的建模。

具体绘制时，若采用拉伸的方法，可以采用自上而下的方式依次拉伸出三个圆柱，再用拉伸的方法形成三个牙瓣。而采用旋转的方法时，可以直接绘制出三个圆柱的切面形状，并一次性回转出三个圆柱，再用拉伸的方法形成牙瓣。

主体绘制完成后，使用异形孔向导的方式做出直孔。

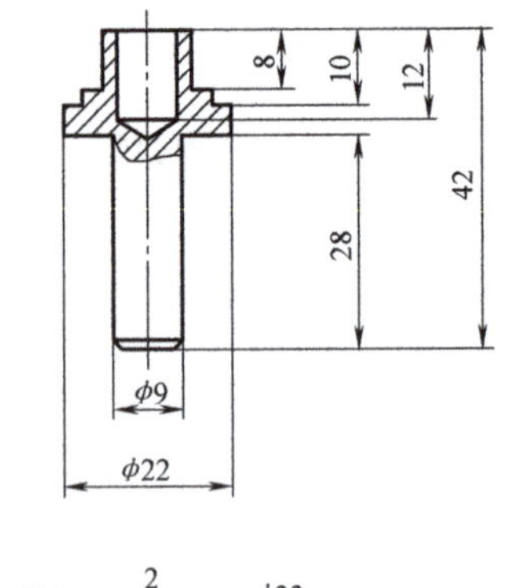

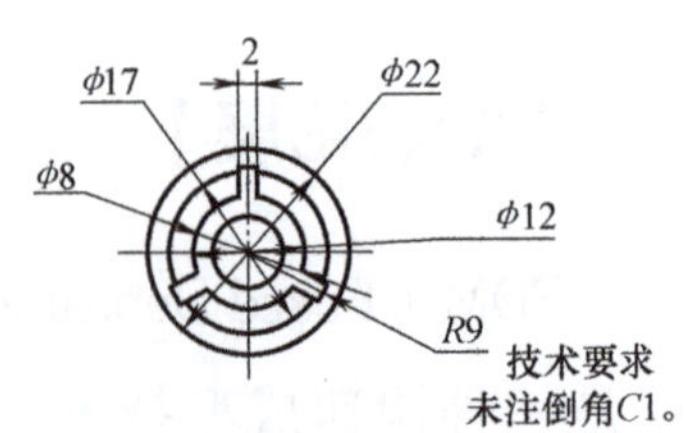

图 7-3　上阀瓣

2. 学习 SolidWorks 基本操作命令

SolidWorks 基本操作命令见表 7-1。

表 7-1　SolidWorks 基本操作命令

命令及符号	说明	图例
圆周草图阵列 圆周草图阵列	实体围绕中心点进行阵列	
异形孔向导 异形孔向导	在实体上钻孔	

7.2　上阀瓣建模

任务实施

上阀瓣建模步骤见表 7-2。

表 7-2　上阀瓣建模步骤

序号	步骤	图示
1	单击“草图绘制”命令，选择前视基准面作为草图平面	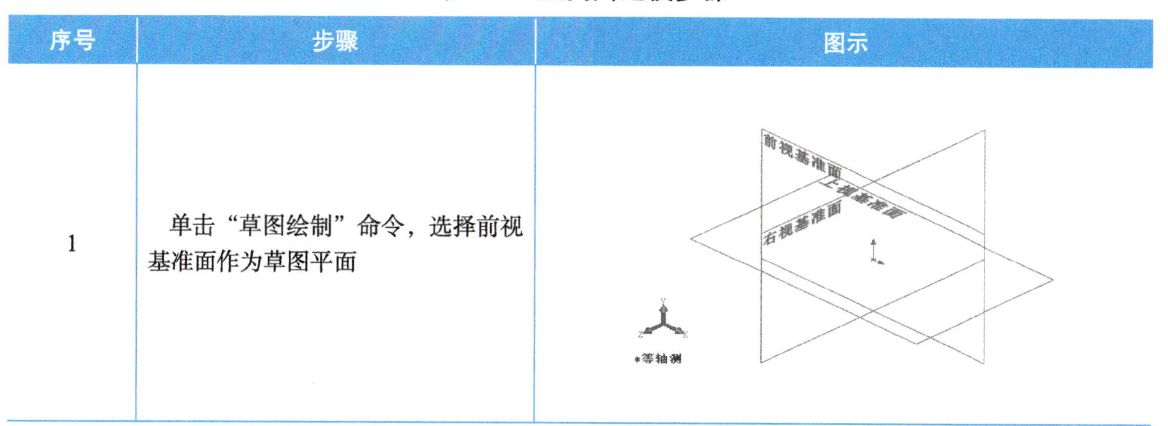

（续）

序号	步骤	图示
2	以坐标原点为中心绘制 ϕ9mm 的圆	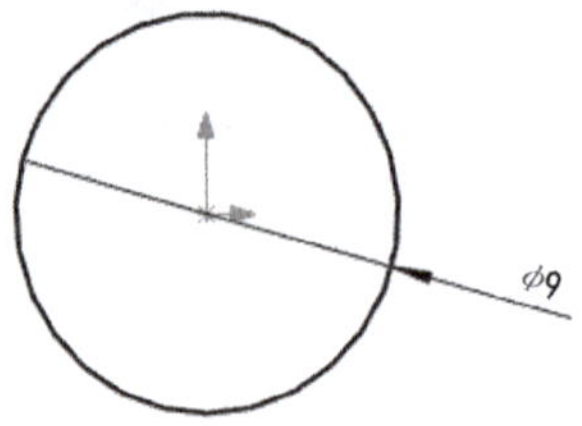 φ9
3	单击“拉伸”命令，对 ϕ9mm 的圆进行拉伸，拉伸长度为 28mm，创建上阀瓣的主体部分	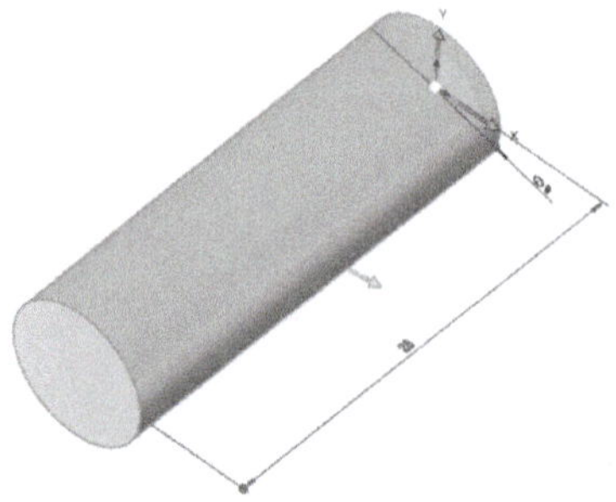
4	以前视基准面为绘图平面，绘制 ϕ22mm 的圆	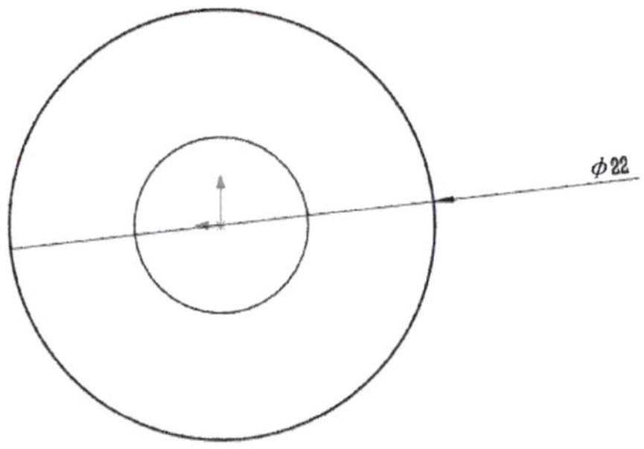 φ22
5	通过“拉伸”命令，对 ϕ22mm 的圆进行拉伸，拉伸长度为 4mm	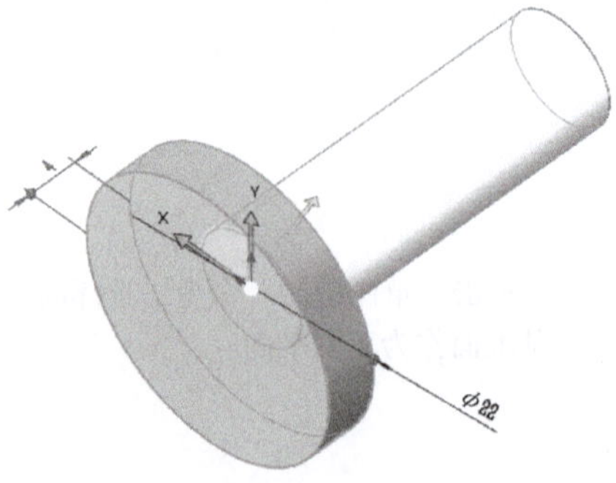 φ22

（续）

序号	步骤	图示
6	以 ϕ22mm 的圆柱面为基准面绘制 ϕ17mm 的圆	
7	通过“拉伸”命令，对 ϕ17mm 的圆进行拉伸，拉伸长度为 2mm	
8	以 ϕ17mm 的圆柱面为基准面绘制右图所示草图	
9	以原点为中心，对选中草图进行圆周阵列，如右图所示	

（续）

序号	步骤	图示
10	裁剪多余部分以后对草图进行拉伸，拉伸长度为 8mm	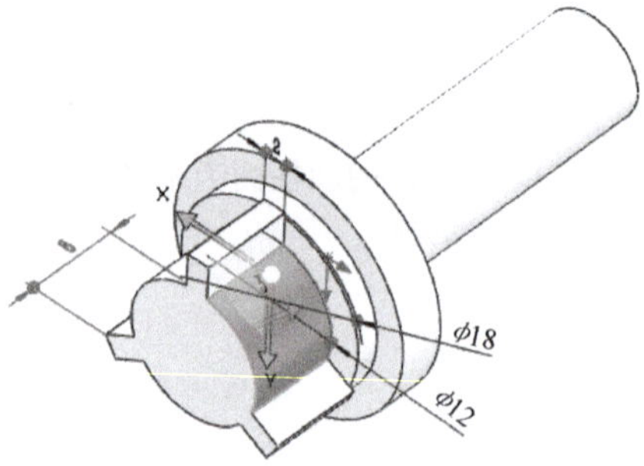 φ18 φ12
11	以上一步拉伸的实体为基准面，定中心点钻孔，孔径为 8mm，深度为 12mm	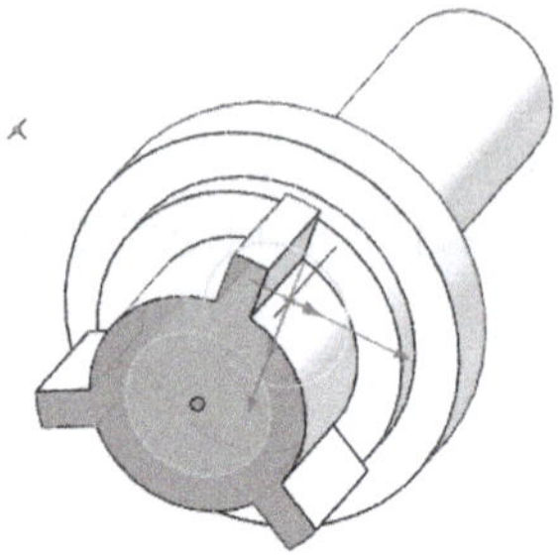
12	对上阀瓣主体倒角后完成三维图的绘制	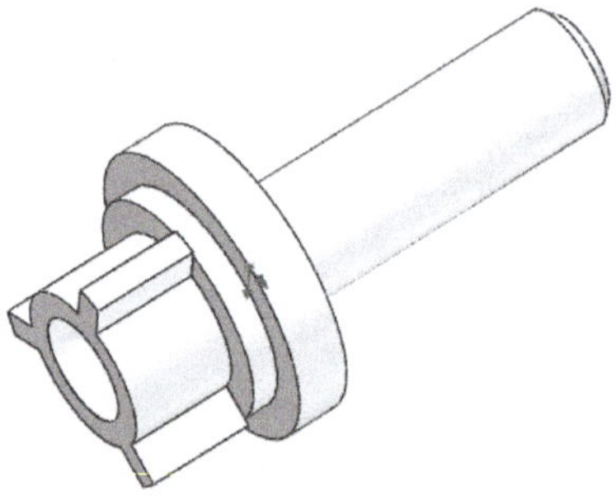

7.3 上阀瓣打印

1. 上阀瓣模型数据格式转换

保存上阀瓣产品模型为 STP 格式。

由于 3D 打印需要使用 STL 格式，所以应将设计的上阀瓣模型另存为 STL 格式并进行保存（图 7–4）。

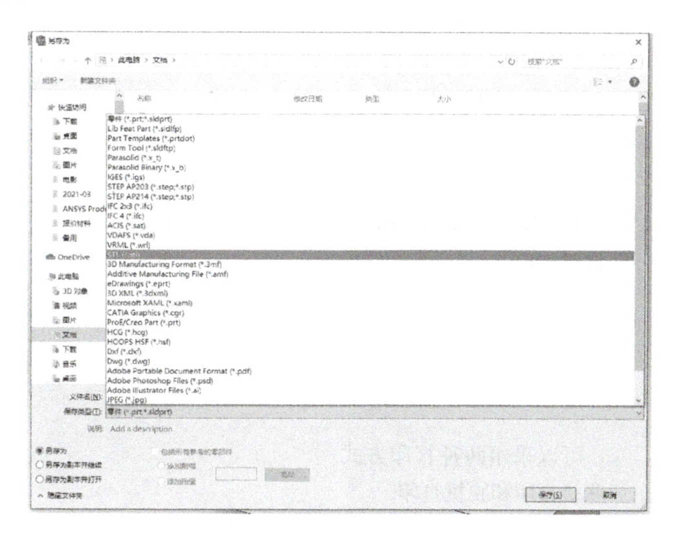

图 7–4　STL 文件的生成

2. 上阀瓣打印（表 7–3）

表 7–3　上阀瓣打印

序号	操作	说明	图示
1	检查设备，调平打印平台	检查打印机是否水平；检查喷头是否清洁干净，如有残留物，应先清洁喷头表面	压簧 ① ② ③
2	打开模型文件	打开模型文件的方法有多种：利用“打开”→“最近使用的文档”→“示例模型”及利用鼠标拖动 STL 格式文件到程序视图区域	最近使用的文档 新建(N) 打开(O)... 添加(M) 保存(S) 另存为(A)... 示例模型(E) 退出(X)
3	调整 STL 文件的位置及大小	对文件进行移动、旋转、缩放、镜像等操作，确保文件在打印平台上	

（续）

序号	操作	说明	图示
4	生成路径	在“路径生成器”中生成打印路径	
5	开始打印	可以采用两种打印方式：联机打印和脱机打印	

3. 材料选择

根据要求制作柱塞泵的教学模型，从成本和低碳环保的角度考虑，采用生物塑料中的 PLA 材料。

7.4 实训总结与评价

实训结束后，依据考核评价表进行评价（表 7-4）。

表 7-4　考核评价表

被考评人			考评地点				
考评内容		上阀瓣制作情况					
考评指标		考评标准	分值	自我评价	小组评议	实际得分	
专业知识技能掌握	建模	建模完整，尺寸正确	40				
	3D 软件操作	各项参数设置正确	10				
	设备操作	设备使用方法正确、规范	10				
	3D 打印后处理	后处理方式恰当，零件质量完好	15				
素质培养	出勤	按时到岗，学习准备就绪	10				
	道德自律	自觉遵守纪律，有责任心和荣誉感	5				
	学习态度	积极主动，不怕困难，勇于探索	5				
	团队分工合作	能融入集体，愿意接受任务并积极完成	5				
合计			100				

（续）

考评辅助项目：		备　注
本组之星		两项评选活动是为了激励学生的学习积极性
组间互评		
填表说明	1. 实际得分 = 自我评价 40%+ 小组评议 60% 2. 考评满分为 100 分，60 分以下为不及格；60 ～ 74 分为及格；75 ～ 84 分为良好；85 分及以上为优秀 3. “本组之星”可以是本次实训活动中的突出贡献者，也可以是进步最大者，同样可以是其他某一方面表现突出者 4. “组间互评”是由评审团讨论后对各组给予的最终评价。评审团由各组组长组成，当各组完成实训活动后，各组长先组织本组内进行商议，然后各组长将意见带至评审团，评价各组整体工作情况，将各组互评分数填入其中	

7.5　笔筒的设计与打印（任务拓展）

完成图 7-5 所示笔筒的设计与 3D 打印。

图 7-5　笔筒

学习活动3：课后提升

FDM 打印技术是一种较为简单易行的 3D 打印技术，在使用过程中仍需注意以下几点：

（1）打印材料的选择　FDM 打印机使用的材料通常是塑料材料，如 ABS、PLA、PETG 等。在选择打印材料时，应根据打印零件的应用和要求来选择材料。例如，需要高强度和耐用性的零件可以选择 ABS 材料，需要生物相容性的零件可以选择 PLA

材料。

（2）打印温度的控制　FDM打印机的打印温度控制是保证打印质量的关键因素之一。在打印前应根据所选材料的建议温度范围进行设置，以确保打印过程中温度控制稳定，打印质量良好。

（3）建模平台的调平　FDM打印机的建模平台应该保持水平，以确保每层打印过程中零件的精度和质量。在打印前应进行调平操作，以确保建模平台处于水平状态。

（4）支撑结构的设置　在FDM打印过程中，需要设置支撑结构来保证零件的精度和稳定性。支撑结构的设置需要根据零件的形状和特性来进行调整，以避免出现打印品失真或扭曲的情况。

（5）打印速度的控制　FDM打印机的打印速度是影响打印质量和稳定性的另一个关键因素。在打印前应根据零件的大小、复杂度和材料的选择来确定适当的打印速度，以确保打印质量和稳定性。

（6）定期维护　FDM打印机在使用过程中需要定期维护和清洁，以确保其正常工作和延长使用寿命。例如，需要定期清洁挤出头、清理建模平台和检查传动系统等部件。定期维护可以避免零件损坏和打印质量下降等问题的发生。

第 8 章　柱塞泵下阀瓣的设计与打印

【教学目标】

知识目标：

1. 认真阅读任务单，明确下阀瓣在柱塞泵中的作用，了解下阀瓣的设计与打印工作任务内容。

2. 掌握用 SolidWorks2020 完成下阀瓣建模及相关命令方法，包括拉伸、圆周阵列、圆角等。

技术目标：

1. 能够根据下阀瓣的工程图样，完成其三维模型构建。

2. 能使用 3D 打印机完成下阀瓣零件的制作。

3. 能对下阀瓣零件进行后处理，以方便后续装配任务。

素养目标：

1. 通过完成制件过程，提高分析问题的能力。

2. 通过严谨的建模过程，养成认真、务实的学习工作习惯。

学习活动1：课前自学

【查一查】

查阅相关资料，完成以下问题：

1）立体光固化成型（SLA）技术是如何实施打印工作的？

2）立体光固化成型（SLA）技术的优缺点是什么？

3）SLA 技术与 FDM 技术的主要区别是什么？

4）SLA 技术的应用领域有哪些？

【知识拓展】

SLA 打印机是一种基于光固化原理的 3D 打印技术，它通过光固化树脂等特定材料来制造 3D 物体。

1. 工作原理

SLA 打印机使用的打印材料是液态树脂，将其灌注到打印机的建模区域内。然后，打印机会将紫外线光束聚焦到建模区域内的特定位置上。当紫外线束或 LED 光源照射到液态树脂上时，树脂会固化成固体，并粘附在建模平台上，形成一个层层堆叠的物体。

2. 工作流程

SLA 打印机的工作流程通常包括以下步骤：

1）设计模型并导入到打印机软件中。

2）根据模型尺寸和要求选择打印参数和材料。

3）在打印机料槽内加入打印材料。

4）启动打印机并开始打印。

5）打印完成后，取出打印好的物体并清洗去除余料。

3. 优点

相比其他 3D 打印技术，光固化打印机具有以下优点：

1）打印分辨率高，可以制造出较为精细的零件。

2）打印速度较快，可以快速制造多个零件。

3）打印过程中材料浪费较少，可降低制造成本。

4）可以使用多种材料进行打印。

4. 应用

SLA 打印机广泛应用于制造复杂的零部件，精细结构、高质量的原型及用于生物医学领域等。如医疗行业中可以利用 SLA 打印机制造出医用模型、牙科修复器械、假体等。在工业制造中，SLA 打印机可以制造出复杂的齿轮、齿条等。此外，还可用于珠宝、手表、鞋子等奢侈品制造行业。

工作情景描述：

了解柱塞泵下阀瓣的功能，并根据图样完成下阀瓣的三维建模，随后将三维模型转出 STL 模型并导入切片软件进行切片。最后，将切片好的数据导入 3D 打印机完成模型的制作，制作后的模型需要使用工具进行后处理，以保证零件有较好的表面质量。

下阀瓣在整个柱塞泵中起到控制进水口打开与关闭的作用。吸水时进水口需要打开，而压水时进水口则需关闭。那么，下阀瓣如何控制进水口的开闭？

柱塞泵吸水时，柱塞向后撤退，此时泵体中间形成密封空间而造成负压，下阀瓣在负压的作用下向上移动，进水口打开（图 8-1）；而当柱塞向前移动时，泵体内部压力增大，并推动下阀瓣向下运动，此时进水口关闭，水流从出水口流出，完成了将水压出的动作（图 8-2）。

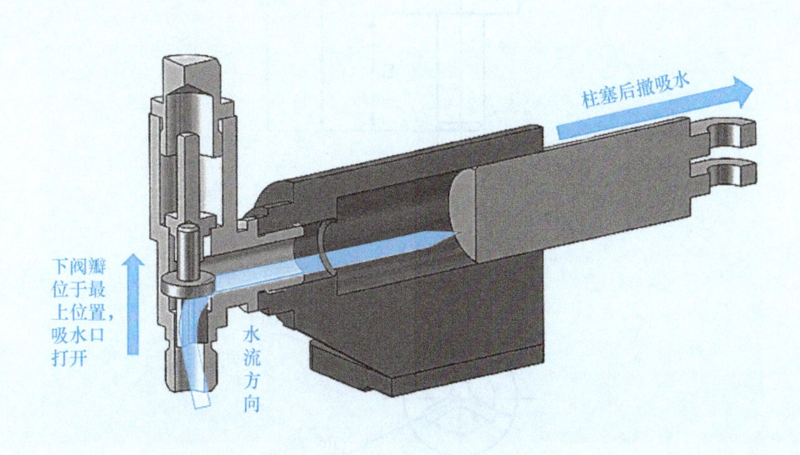

图 8-1 柱塞泵吸水过程

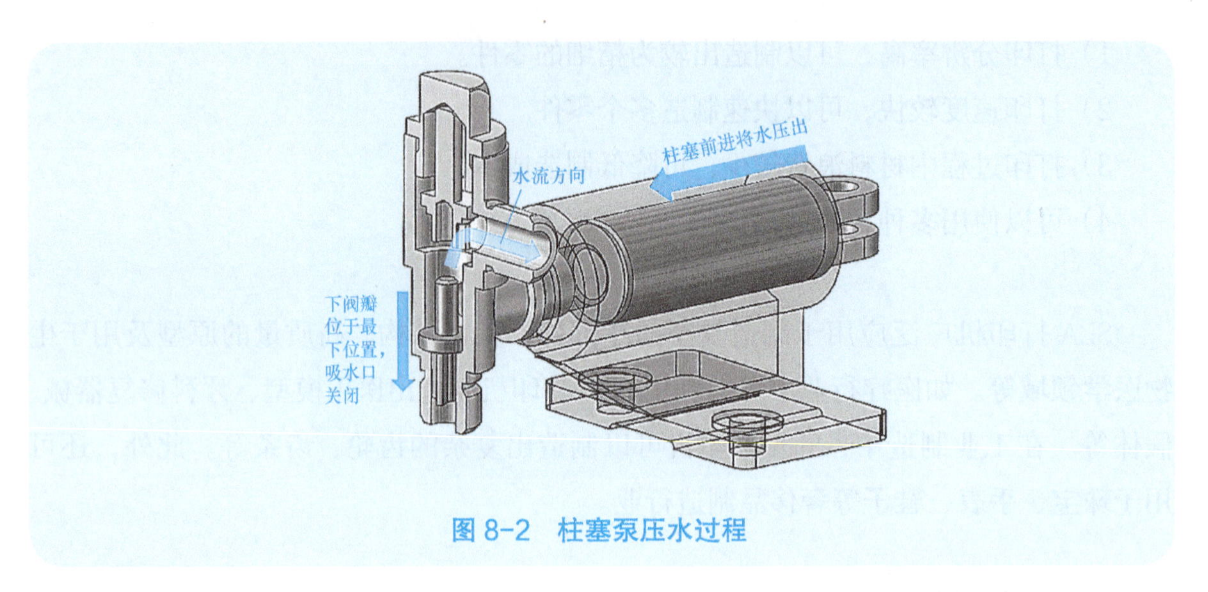

图 8-2 柱塞泵压水过程

学习活动2：课中实训

8.1 下阀瓣图样分析

分析图 8-3 所示下阀瓣二维图样，了解下阀瓣的结构。从图中可以看出，下阀瓣结构与上阀瓣结构类似，因此绘制方法基本相同。

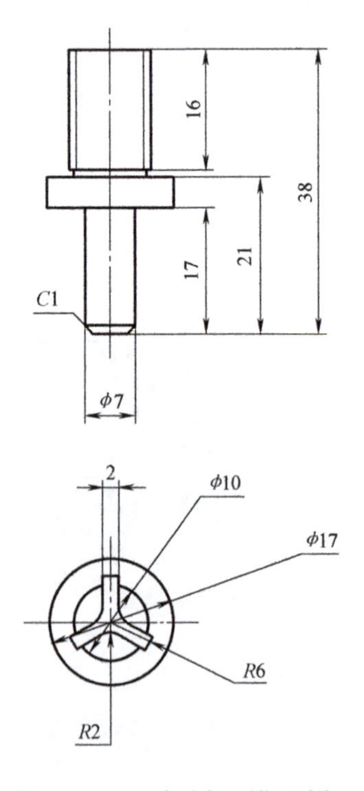

图 8-3 下阀瓣二维图样

具体绘制时，若采用拉伸的方法，可以按自下而上的方式依次拉伸出三个圆柱体，再用拉伸的方法形成三个牙瓣。如果采用旋转的方法，可以直接绘制出三个圆柱的切面形状，并一次性回转出三个圆柱，再用拉伸的方法形成牙瓣。

主体绘制完成后，用倒角命令完成倒角的绘制。

8.2　下阀瓣建模

下阀瓣的建模步骤见表 8-1。

表 8-1　下阀瓣的建模步骤

序号	步骤	图示
1	单击“草图绘制”命令，选择前视基准面作为草图平面	
2	以坐标原点为中心绘制 ϕ7mm 的圆	
3	单击“拉伸”命令，对 ϕ7mm 的圆进行拉伸，拉伸长度为 17mm，创建下阀瓣的主体部分	
4	以前视基准面为绘图平面，绘制 ϕ17mm 的圆	

（续）

序号	步骤	图示
5	使用“拉伸”命令，对 ϕ17mm 的圆进行拉伸，拉伸长度为 4mm	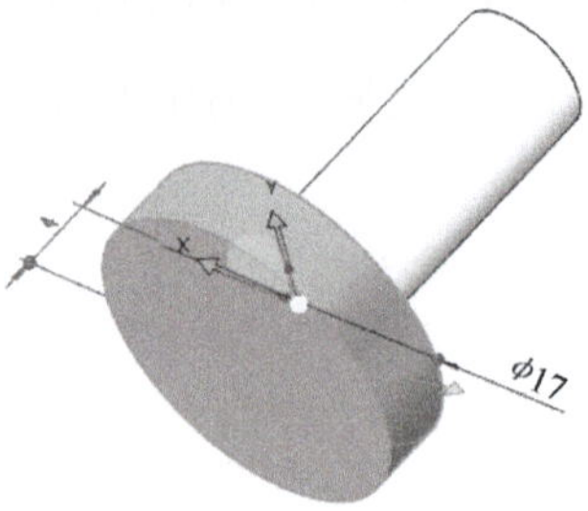
6	以 ϕ17mm 的圆柱面为基准面，绘制 ϕ10mm 的圆	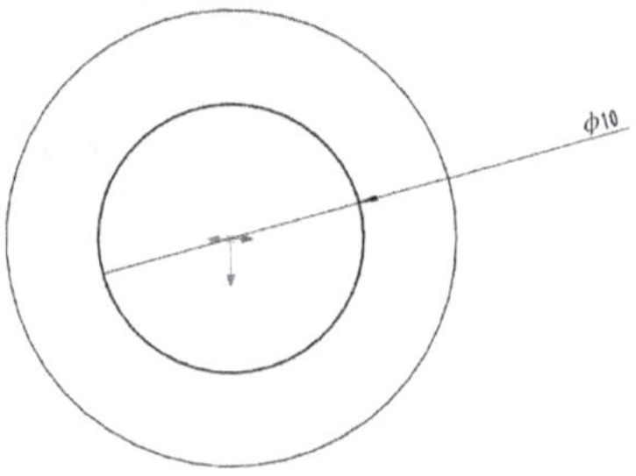
7	使用“拉伸”命令，对 ϕ10mm 的圆进行拉伸，拉伸长度为 1mm	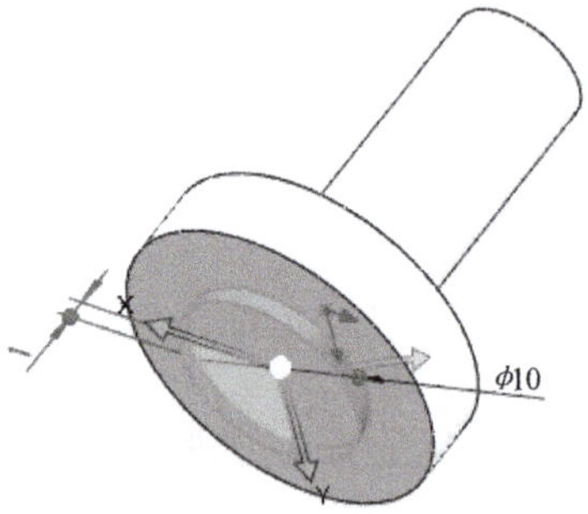
8	以 ϕ10mm 的圆柱面为基准面，绘制右图所示草图	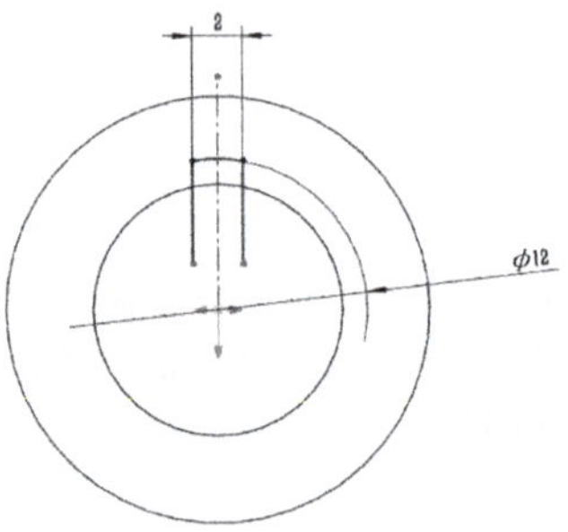
9	以原点为中心，对选中的草图进行圆周阵列，如右图所示	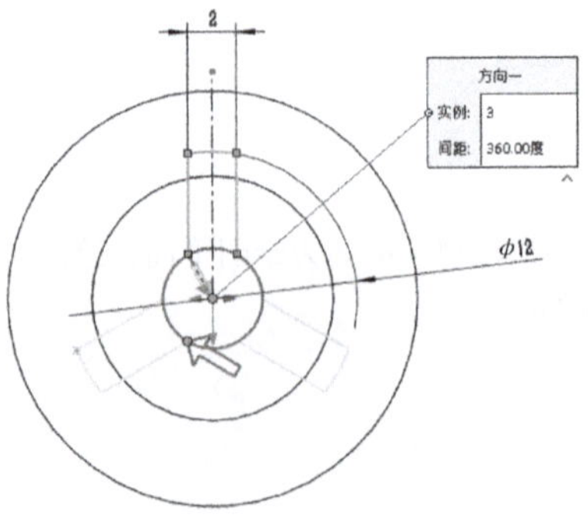

（续）

序号	步骤	图示
10	给阵列后的草图相邻两边之间添加圆角	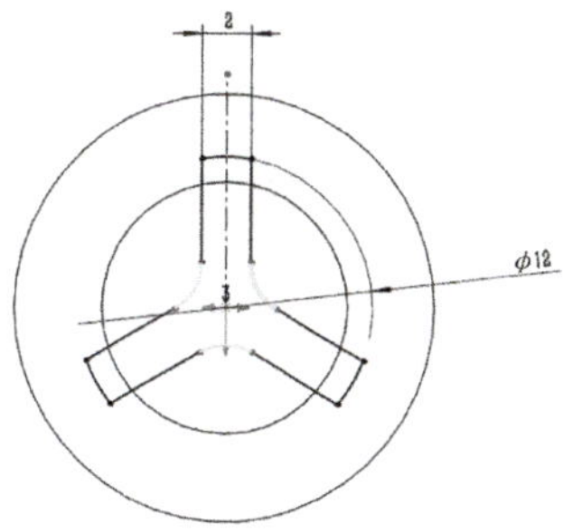
11	对绘制圆角后的草图进行拉伸，拉伸长度为 16mm	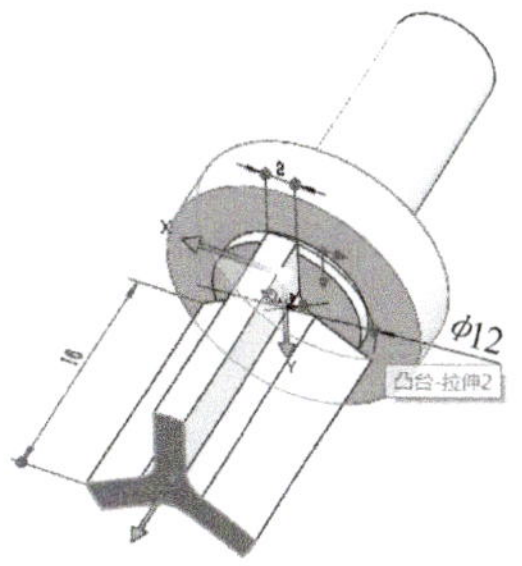
12	对下阀瓣主体倒角后完成三维图的绘制	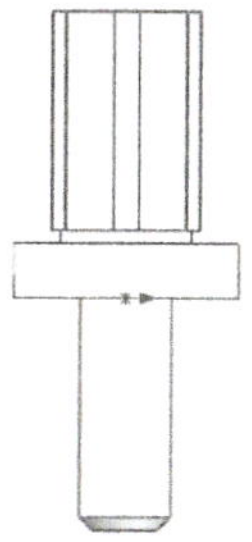

8.3　下阀瓣打印

1. 数据处理

数据处理方法同前文，此处不再赘述。

2. 下阀瓣模型数据格式转换

保存下阀瓣产品模型为 STP 格式。

由于 3D 打印需要使用 STL 格式，所以应将设计的下阀瓣模型另存为 STL 格式，如图 8-4 所示。

3. 模型打印操作

模型打印步骤见表 8-2。

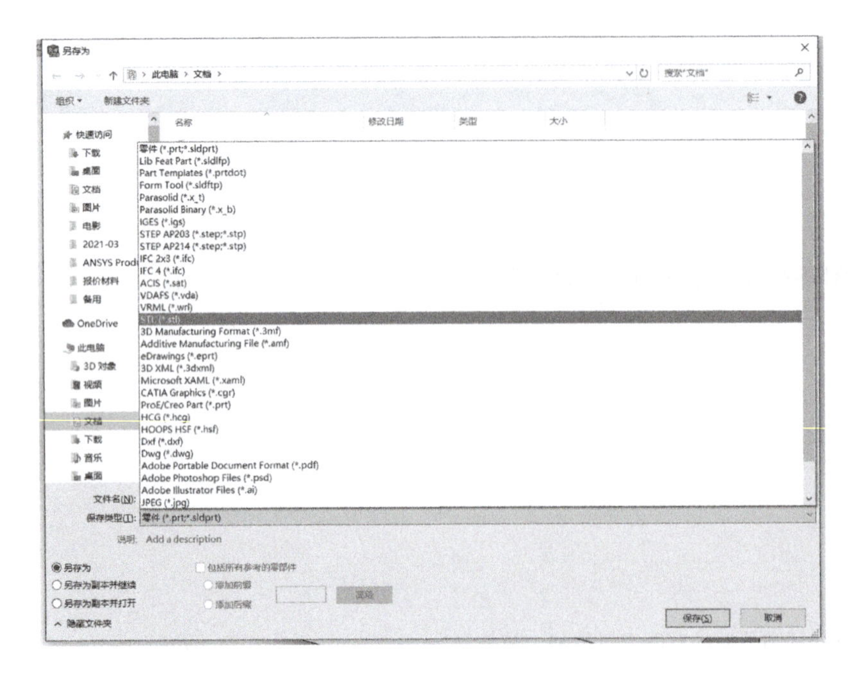

图 8-4　STL 文件的生成

表 8-2　模型打印步骤

序号	操作	说明	图示
1	检查设备，调平打印平台	检查打印机是否水平；检查喷头是否清洁干净，如有残留物，应先清洁喷头表面	
2	打开模型文件	打开模型文件的方法有多种：利用“打开”→“最近使用的文档”→“示例模型”及利用鼠标拖动 STL 格式文件到程序视图区域	

（续）

序号	操作	说明	图示
3	调整 STL 文件的位置及大小	对文件进行移动、旋转、缩放、镜像等操作，确保文件在打印平台上	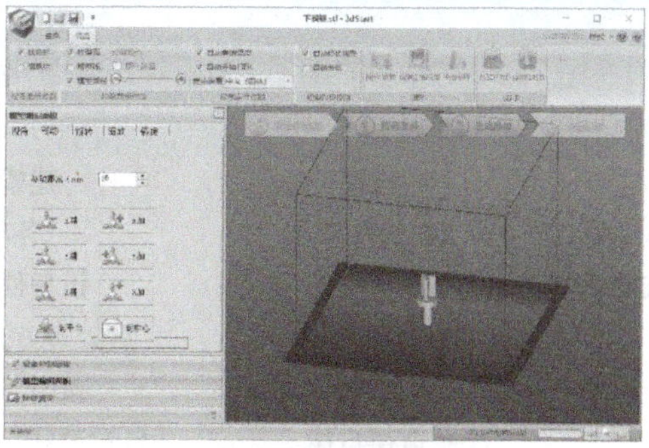
4	生成路径	在“路径生成器”中生成打印路径	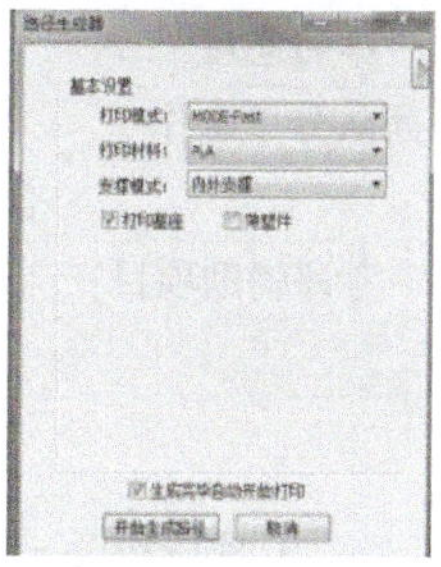
5	开始打印	可以采用两种打印方式：联机打印和脱机打印	

4. 3D 打印产品的后处理

3D 打印得到初步产品后，还要对其进行必要的后处理工序才能得到最终的产品。

（1）去除支撑　下阀瓣的圆柱主体为细长杆类结构，比较脆弱，在去除支撑的过程中应小心不要将零件折断。

（2）清洗

1）从 3D 打印设备上取下的产品表面附着有支撑材料，需要清洗去掉。

2）用刷子、清洁布等对下阀瓣的各个结构进行洗刷。

3）再次清洗和清理。

（3）打磨　使用砂纸对下阀瓣进行手工打磨，对内外表面进行修整。然后用机器打磨手工修磨不到的地方，保证最终的表面质量。

从三维模型到实物模型的 3D 打印快速制造，整个过程需要 3h，相比传统制造先制作模具再生产来说，大大节约了时间，而且整个成型过程可实现无人值守，也节约了人力成本。

8.4　实训总结与评价

实训结束后，依据考核评价表进行评价（表 8-3）。

表 8-3　考核评价表

被考评人			考评地点			
考评内容		下阀瓣制作情况				
考评指标		考评标准	分值	自我评价	小组评议	实际得分
专业知识技能掌握	建模	建模完整，尺寸正确	40			
	3D 软件操作	各项参数设置正确	10			
	设备操作	设备使用方法正确、规范	10			
	3D 打印后处理	后处理方式恰当，零件质量完好	15			
素质培养	出勤	按时到岗，学习准备就绪	10			
	道德自律	自觉遵守纪律，有责任心和荣誉感	5			
	学习态度	积极主动，不怕困难，勇于探索	5			
	团队分工合作	能融入集体，愿意接受任务并积极完成	5			
合　计			100			
考评辅助项目：		备　注				
本组之星		两项评选活动是为了激励学生的学习积极性				
组间互评						
填表说明	1. 实际得分 = 自我评价 40%+ 小组评议 60% 2. 考评满分为 100 分，60 分以下为不及格；60 ～ 74 分为及格；75 ～ 84 分为良好；85 分及以上为优秀 3. “本组之星”可以是本次实训活动中的突出贡献者，也可以是进步最大者，同样可以是其他某一方面表现突出者 4. “组间互评”是由评审团讨论后对各组给予的最终评价。评审团由各组组长组成，当各组完成实训活动后，各组长先组织本组内工进行商议，然后各组长将意见带至评审团，评价各组整体工作情况，将各组互评分数填入其中					

8.5　笔筒的设计与打印（任务拓展）

完成图 8-5 所示笔筒的设计与 3D 打印。

图 8-5　笔筒

学习活动3：课后提升

在使用 SLA 打印机时，需要注意以下事项：

（1）安全注意事项　使用 SLA 打印机时需要注意安全事项，因为该设备使用激光束或紫外线辐射来固化树脂，可能对人体造成伤害。应该保持安全距离，并佩戴适当的个人防护设备。

（2）环境要求　在使用 SLA 打印机时，应该注意环境要求，确保工作区域的温度和湿度在适当的范围内。应该避免将光固化设备放在阳光直射的地方，因为紫外线会影响设备的性能和打印质量。

（3）材料选择　选择适合的树脂材料对于 SLA 打印机的打印质量非常重要。不同的树脂材料具有不同的特性，例如硬度、耐久性和透明度等，需要根据打印的具体应用选择合适的材料。

（4）打印参数　在使用 SLA 打印机时，应该了解打印参数的设置，例如层高、打印速度和光照强度等。这些参数将直接影响打印质量和效率，需要根据打印物体的形状和材料特性进行调整。

（5）后处理　SLA 打印的零件通常需要进行后处理，例如去除支撑材料、研磨和打磨等。这些步骤需要谨慎处理，以确保最终的打印零件具有理想的外观和性能。

第 9 章　柱塞泵阀盖的设计与打印

【教学目标】

知识目标：

1. 认真阅读任务单，明确柱塞泵阀盖的设计与打印工作任务内容。
2. 熟悉阀盖三维设计的要领与步骤。
3. 了解 STL 格式文件的基本知识。
4. 了解常见的 3D 打印材料。

5. 了解 3D 打印机的工作原理与结构组成。

能力目标：

1. 能够根据柱塞泵的结构特点，设计柱塞泵阀盖的三维模型。
2. 能熟练应用草图、拉伸、镜像、螺纹创建等建模命令和进行参数设定。
3. 能够掌握阀盖设计的基本步骤和过程。
4. 能正确地导出阀盖 STL 格式文件，并正确设置阀盖打印参数。
5. 能 3D 打印出合格的阀盖。

素养目标：

1. 培养学生分析、解决实际问题的能力，提高学生的职业技能和专业素质。
2. 提高学生的思维能力和学习能力。
3. 激发学生的好奇心和求知欲，提升团队协作能力。

【思维导图】

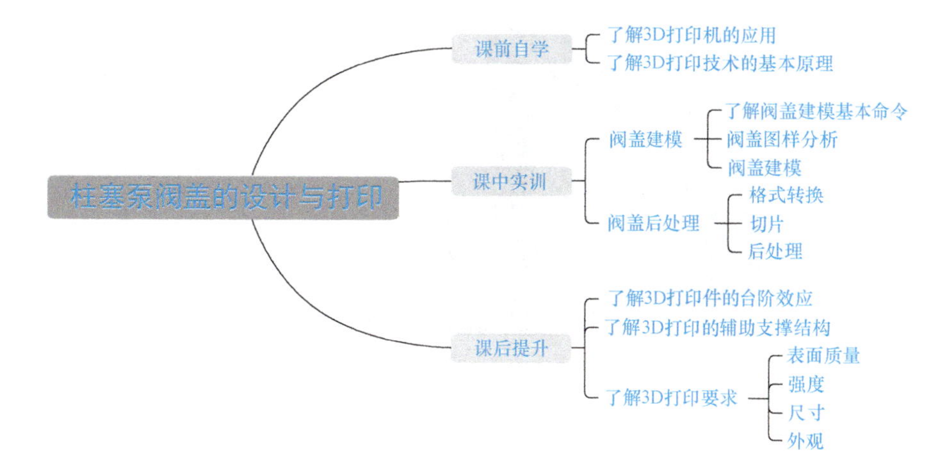

学习活动1：课前自学

【想一想】

1. 3D 打印机的具体应用（表 9-1）

表 9-1　3D 打印机的具体应用

应用领域	图示	查找贴图	说明
航空航天	航空发动机零件		查阅资料，粘贴相关打印机图片
汽车制造	液压集成块		

（续）

应用领域	图示	查找贴图	说明
医疗	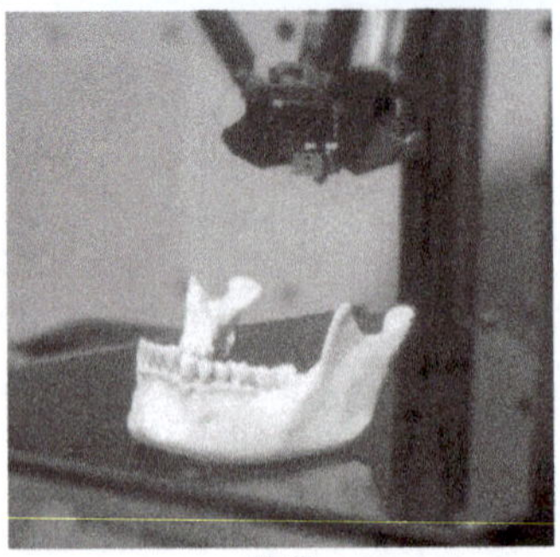 骨骼		查阅资料，粘贴相关打印机图片
建筑	 房屋建筑		
家电用品	 相机盖		
服饰用品	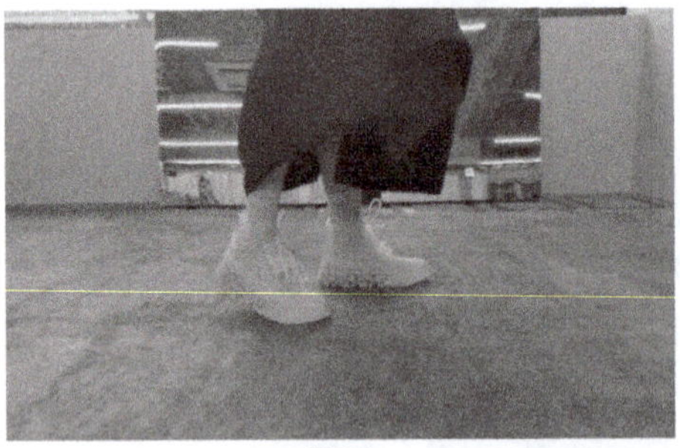 鞋子		

2. 3D 打印技术的基本原理

基于“离散/堆积成型”思想的 3D 打印技术的基本原理（图 9–1）：首先设计出所需产品或零件的计算机三维模型（如 CAD 模型）；然后根据工艺要求，按照一定的规则将该模型离散为一系列有序的二维单元，一般在 Z 向将其按一定厚度进行离散（也称为分层），把原来的三维 CAD 模型变成一系列的二维层片；再根据每个层片的轮廓信息进行工艺规划，选择合适的加工参数，自动生产数控加工代码；最后

由成型系统接受控制指令，将一系列层片自动成型并连接起来，得到一个三维物理实体。

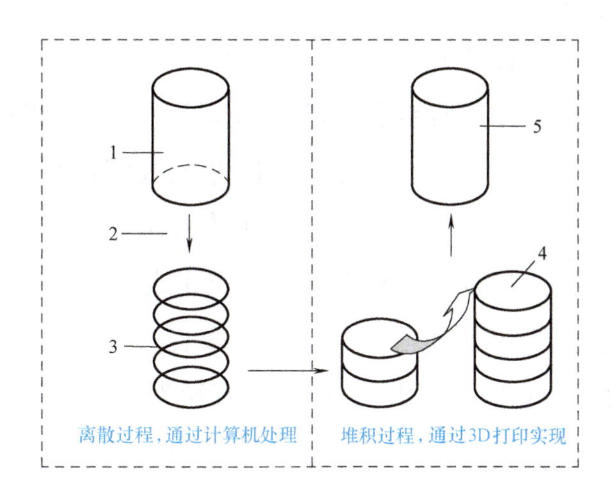

图 9-1　3D 打印技术的基本原理

1—CAD 模型　2—Z 向分层　3—CAD 模型分层数据文件　4—层层堆积加工　5—后处理

【查一查】

1. 简述 3D 打印的成型过程。

2. 简述 3D 打印的工艺流程。

3. 简述 3D 打印的技术特点。

【自学自测】

1. 3D 打印文件的格式是（　　）。

A. SAL　　B. STL　　C. SAE　　D. RAT

2. 在各种 3D 打印机中，目前精度最高、效率最高、售价相对较高的是（　　）。

A. 工业级 3D 打印机　　B. 个人级 3D 打印机

C. 桌面级 3D 打印机　　D. 专业级 3D 打印机

3. 下列（　　）仅使用 3D 打印技术无法制作完成。

A. 首饰　　B. 手机　　C. 服装　　D. 义齿

4. 市场上常见的 3D 打印机所用的打印材料直径为（　　）。

A. 175mm 或 3mm　　B. 185mm 或 3mm

C. 185mm 或 2mm　　D. 175mm 或 2mm

学习活动2：课中实训

任务实施

9.1 阀盖建模

1. 阀盖二维图样识读与三维建模设计

阀盖结构主要由螺纹、旋钮、连接、内孔部分四部分构成，通过识读图 9-2 所示二维图样与三维模型，在创建阀盖实体过程中主要用到的命令有拉伸、切除旋转、螺纹创建等。

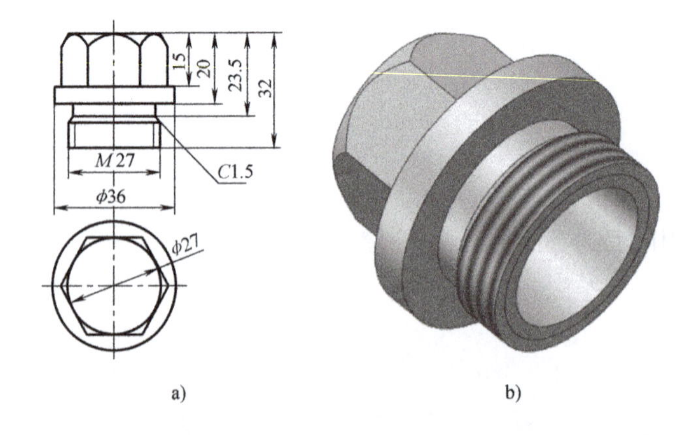

图 9-2　阀盖二维图样与三维模型

依照产品二维图样尺寸进行三维设计，其三维模型设计过程可按照图 9-3 所示

步骤进行。

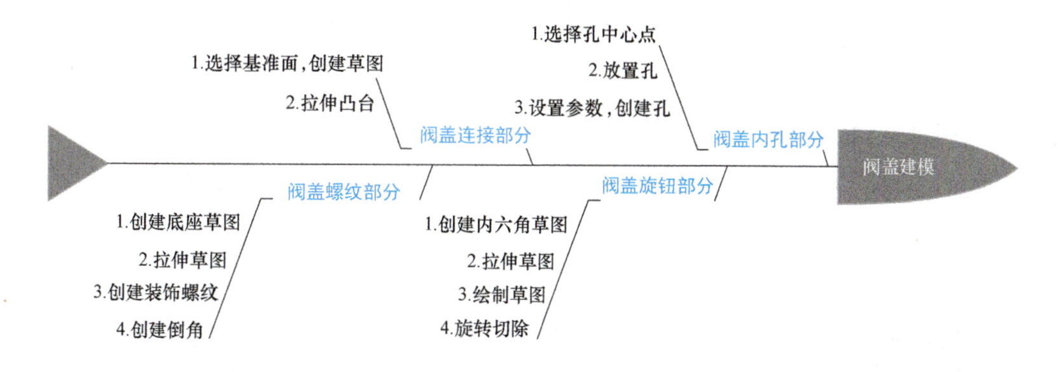

图 9-3　阀盖建模过程

2. SolidWorks 基本操作命令

相关知识要点基本操作命令简介见表 9-2。

表 9-2　相关知识要点基本操作命令简介

命令及符号	说明	图例
拉伸实体	绘制草图并按深度拉伸	
装饰螺纹	选择“插入”→“注解”→“装饰螺纹线”，创建螺纹	
旋转切除	创建草图，选择旋转轴，进行旋转切除	
异型孔向导	使用“异型孔向导”钻孔，选择孔的位置，制作钻孔特征	

3. 阀盖建模过程

阀盖建模过程见表 9-3。

表 9-3　阀盖建模过程

序号	步骤	图示
1	绘制草图—拉伸长度	
2	单击“插入”→“注解”→“装饰螺纹线”，制作 45°倒角	
3	绘制 ϕ24mm 的圆，拉伸长度为 35mm	
4	绘制 ϕ36mm 的圆，拉伸长度为 5mm 的圆柱	
5	绘制外接圆 ϕ27mm 的六边形，并拉伸 15mm	
6	绘制右图所示草图并旋转切除	
7	利用“异型孔向导”钻深度为 20mm 的 ϕ20mm 直孔	

9.2 阀盖打印

1. 数据处理

设计完成后，首先要将三维模型文件转换输出成 3D 打印设备能够识别的 STL 数据文件。

（1）阀盖模型数据格式转换　保存阀盖产品模型为 STP 格式。

由于 3D 打印需要使用 STL 格式，所以应将设计好的阀盖另存为 STL 格式（图 9–4）。

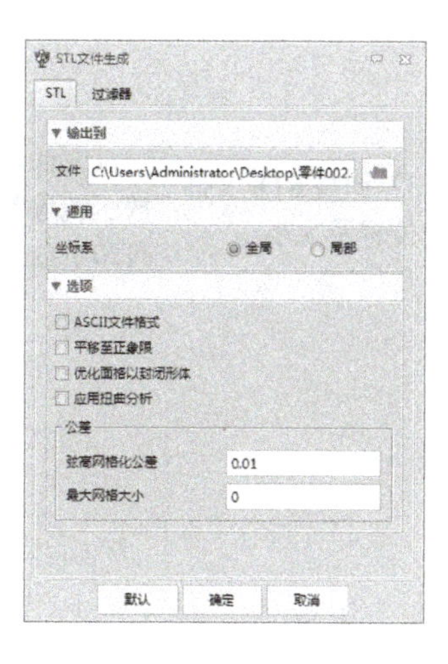

图 9–4　STL 文件生成

（2）模型打印操作步骤　模型打印操作步骤见表 9–4。

表 9–4　模型打印操作步骤

操作	说明	图示
1）检查设备，调平打印平台	检查打印机是否水平；检查喷头是否清洁干净，如有残留物，应先清洁喷头表面	压簧 ① ② ③
2）打开模型文件	打开模型文件的方法有多种：利用“打开”→“最近使用的文档”→“示例模型”及利用鼠标拖动 STL 格式文件到程序视图区域	新建(N) 打开(O)... 添加(M) 保存(S) 另存为(A)... 示例模型(E) 最近使用的文档 1 E:\Old datas\...\squirrel.stl 2 E:\硬盘恢复\...\squirrel.stl 退出(X)

（续）

操作	说明	图示
3）调整 STL 文件的位置及大小	对文件进行移动、旋转、缩放、镜像等操作，确保文件在打印平台上	
4）生成路径	在“路径生成器”中生成打印路径	
5）开始打印	可采用两种打印方式：联机打印和脱机打印	

2. 3D 打印产品的后处理

阀盖在打印过程中，孔口朝上放置，因此不需要进行辅助支撑。

3D 打印得到初步产品后，还要对其进行必要的后处理工序才能得到最终的产品。步骤参见第 8 章的后处理操作。

【复习反思】

1. 在切片过程中，设置支撑的类型选择对打印产品质量有哪些影响？

2. 列举打印过程中容易出现的问题及其解决方案。

9.3 实训总结与评价

学习活动完成后，依据考核评价表（表 9-5），由小组、教师、企业三方进行评价。

表 9-5 考核评价表

评价项目	考核内容	考核标准	配分	小组评分	教师评分	企业评分	总评
学习活动完成情况（80 分）	学习活动分析	正确率 =100%，5 分 80% ≤正确率＜ 100%，4 分 60% ≤正确率＜ 80%，3 分 正确率＜ 60%，0 分	5				
	设计	合理，10 分 基本合理，6 分 不合理，0 分	10				
	建模	规范、熟练，10 分 规范、不熟练，5 分 不规范，0 分	10				
	数据处理	参数设置正确，20 分 参数设置不正确，0 分	20				
	打印成型	操作规范、熟练，10 分 操作规范、不熟练，5 分 操作不规范，0 分	25				
		加工质量符合要求，20 分 加工质量不符合要求，0 分					
	后处理	处理方法合理，5 分 处理方法不合理，0 分	10				
		操作规范、熟练，10 分 操作规范、不熟练，5 分 操作不规范，0 分					
职业素养（20 分）	劳动保护	按照规范穿戴防护用品	每违反 1 次扣 5 分，扣完为止			注：此项企业只需填写总分	
	纪律	不迟到、不早退、不旷课					
	表现	积极、主动、互助、负责、有改进和创新精神等					
	6S 规范	符合 6S 管理要求					
总分							
学生签名			教师签名				

学习活动3：课后提升

9.4　3D 打印件的台阶效应、辅助支撑结构及打印要求

1. 3D 打印件的台阶效应

基于离散堆积原理成型的 3D 打印件，其表面会显现每一分层之间产生的如台阶一般的阶梯，在曲面的表面上表现得更加明显，称为台阶效应（图 9-5）。产生台阶效应是由于在打印曲面的过程中，相邻层的形状轮廓存在变化，而每一分层还有一定厚度，呈现出来即为表面的台阶。

图 9-5　台阶效应

台阶效应的明显程度与成型方法和成型参数有关，对 FDM 成型而言，具体与喷头直径、分层厚度及成型角度有关。

打印同一件带斜面或曲面的制品，打印速度越快，每一分层的厚度越大，台阶效应越明显，打印件精度就越低；若要打印高精度制品，需要使分层厚度变小，打印的层数增加，打印时间增长。为了兼顾效率和精度，一般只在带斜面或曲面的部分减小分层厚度，其余形状则使用比较大的分层厚度。

2. 3D 打印的辅助支撑结构

3D 打印机的神奇之处在于不管多复杂的模型，都能通过层层叠加的方式将其打印出来。然而，一些复杂模型想要成型是离不开支撑的，支撑设置得得当与否，直接影响模型最后的成功率，因为从力学角度分析，立体物体之所以能够存在，很多部分需要支撑结构（图 9-6）。

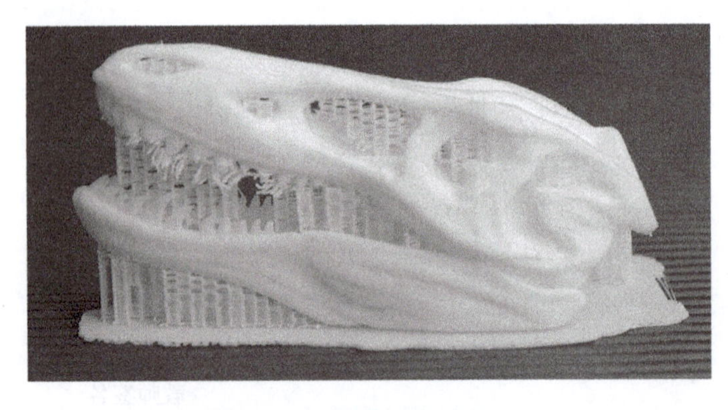

图 9-6　模型与支撑部分

FDM 成型技术的原理是，将材料加热熔化，一层一层地堆积，直至模型最终成型。根据重力原理，如果一个物体的某个面与竖直线之间的角度大于 45° 且悬空，就有可能发生坠落。对于 3D 打印也是如此，虽然在打印过程中，材料经过熔化后，会出现一定的黏附性，但是，材料也有可能在没有完全固化之前，因本身的重力而坠落，从而导致打印失败。

并非所有悬伸部分都需要支撑，当模型具有需要支撑的悬垂或悬臂跨度结构时，就需要使用支撑构造才能进行 3D 打印。悬垂和桥梁结构用字母 Y、H、T 示例如图 9-7 所示。

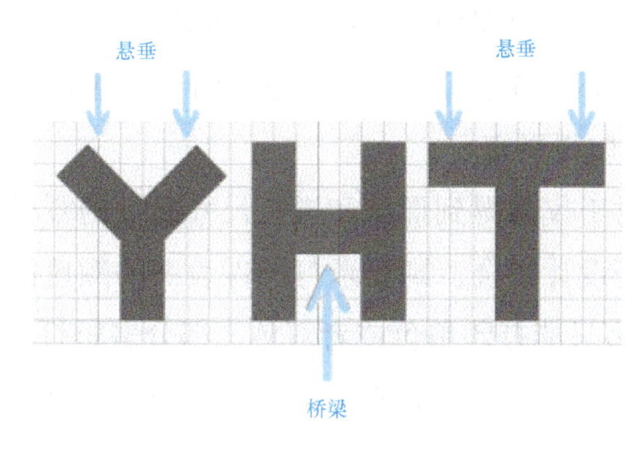

图 9-7　悬垂和桥梁结构用字母 Y、H、T 示例

一般的经验法则是：如果悬垂物与竖直方向倾斜的角度小于 45°，则可以不添加支撑。部分支撑是指在模型的某个点或某些部位加支撑。部分支撑在实际打印过程中使用得较多（图 9-8）。

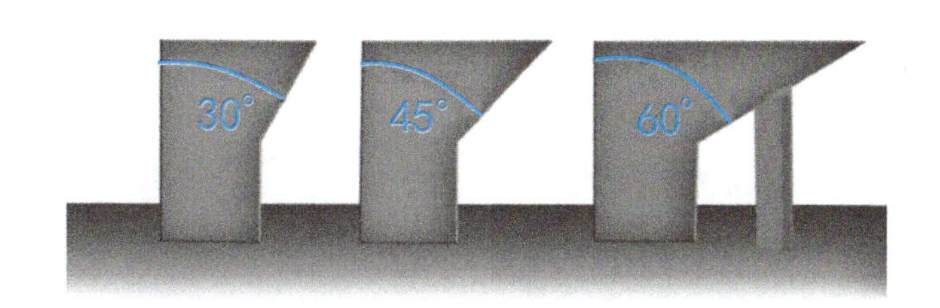

图 9-8　与竖直方向成 45° 以上角度的悬垂物需要支撑构造

对于下大上小的模型，即整体呈现圆柱状、圆锥状等，且底部比较大，或者构造简单的模型不需添加支承，如图 9-9 所示。

图 9-9　不需要添加支撑

需要注意的是，在打印过程中，调整模型摆放方式，可以减少支撑。拆除支撑不仅麻烦，还有可能对模型外观造成一定的负面影响，所以在保证模型能被成功打印的前提下，支撑加得越少越好。

3. 3D 打印要求

(1) 表面质量要求　任何制造方法，如 3D 打印与传统机械加工方法，成型的零件表面都不可能是绝对光滑的理想表面。在打印过程中，3D 打印工艺本身无法消除的台阶效应，会使打印件表面留下凹凸不平的痕迹。对于 3D 打印件的表面粗糙度，不同零件和结构，甚至不同的部位，都有相应的要求，3D 打印件本身不能满足这些要求，只有通过打磨、抛光等后处理来达到要求。

(2) 强度要求　到目前为止，大多数 3D 打印件的强度不够高，需要在成型后通过后处理提高其强度，如后固化、热固化、延寿处理等。

(3) 尺寸精度要求　因为 3D 打印件存在台阶效应，打印件精度通常不是很高，如果精度要求很高，则必须减小分层厚度，这会导致成型时间延长、效率下降，一般需要在精度和效率间取得平衡。

(4) 外观要求　对于仅需得到形状和进行尺寸验证的零件而言，其外观没有特殊要求，但在某些验证设计场合，则要求打印件表面的颜色能直接反映最后零件的颜色。3D 打印目前大多只能打印单色或者双色。部分多彩打印机售价高，且色彩有限。为了满足对外观色彩的要求，需要进行着色处理，使打印件呈现定制物品的目标颜色。

9.5 储蓄罐的设计与打印（任务拓展）

设计一款储蓄罐并将其打印出来，如图 9-10 所示。

图 9-10　储蓄罐实例

第 10 章 柱塞泵泵体的设计与打印

【教学目标】

知识目标：

1. 明确柱塞泵泵体设计与打印工作任务内容。
2. 掌握泵体三维设计的步骤与要求。
3. 了解 STL 格式文件的基本知识。
4. 了解常见的 3D 打印材料。
5. 了解 3D 打印机的工作原理与结构组成。

能力目标：

1. 能根据柱塞泵的结构特点，设计完成柱塞泵泵体三维模型。
2. 能熟练应用草图、拉伸、镜像、螺纹创建等建模命令和进行参数设定。
3. 能够掌握泵体设计的基本步骤和过程。
4. 能正确导出泵体 STL 格式文件，对泵体进行打印参数设置。
5. 能正确操作 3D 打印机打印出泵体。

素养目标：

1. 培养学生分析、解决实际问题的能力，提高学生的职业技能和专业素质。
2. 提高学生的思维能力和学习能力。
3. 激发学生的好奇心和求知欲，提升团队协作能力。

【思维导图】

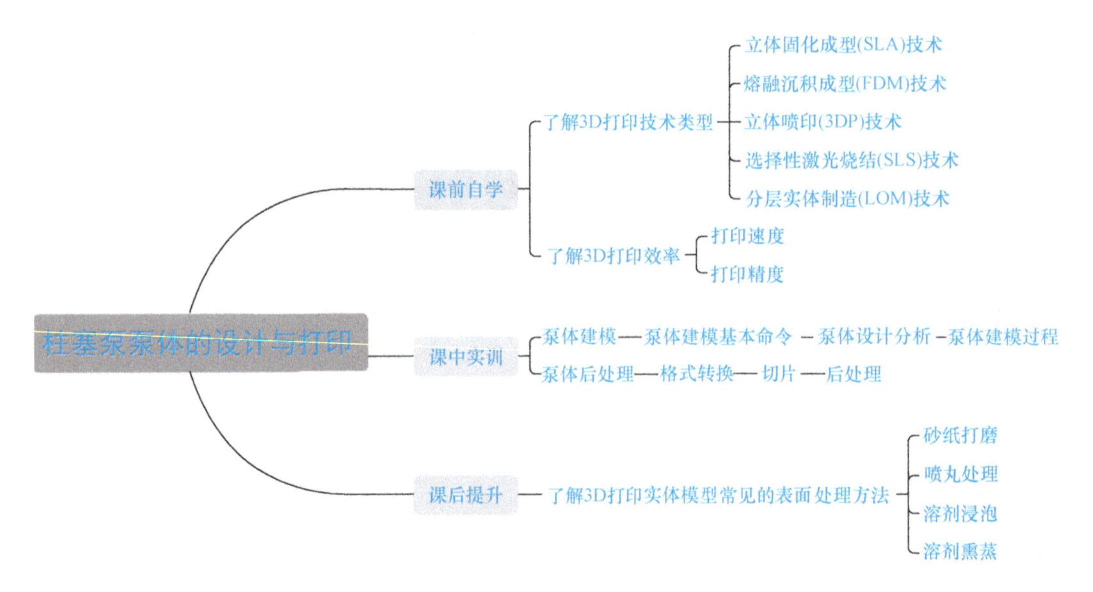

学习活动1：课前自学

【想一想】

3D 打印技术类型

（1）立体固化成型（SLA）技术

工艺原理：SLA 技术采用激光逐点照射光固化液态树脂，使其固化成型，是当前应用最广泛的较高精度成型工艺之一。

在液槽中充满液态光敏树脂，其在激光器所发射的紫外线光束的照射下，会快速固化（SLA 与 SLS 所用的激光不同，SLA 用的是紫外激光，而 SLS 用的是红外激光）。在成型开始时，可升降工作台处于液面以下，距离液面刚好一个截面层厚的高度。通过透镜聚焦后的激光束，按照机器指令对截面轮廓沿液面进行扫描。扫描区域的树脂快速固化，从而完成一层截面的加工过程，得到一层塑料薄片。然后，工作台下降一个截面层厚的高度，再固化另一层截面，这样层层叠加构建成三维实体，工艺原理如图 10-1 所示。

（2）熔融沉积成型（FDM）技术　熔融沉积成型技术也称熔丝堆积成型技术或熔融挤出成型技术。

工艺原理：FDM 技术利用热塑性材料的热熔性、黏结性，在计算机控制下将材料层层堆积成型。将丝状的热熔性材料通过送丝机构送进喷头，在喷头内加热熔化；喷头在计算机的控制下，沿截面轮廓和填充轨迹运动，将熔化的材料挤出后迅速固

化并与周围材料黏结；通过层层堆积成型，最终完成整个实体的造型。熔融沉积成型（FDM）的工艺原理如图 10-2 所示。

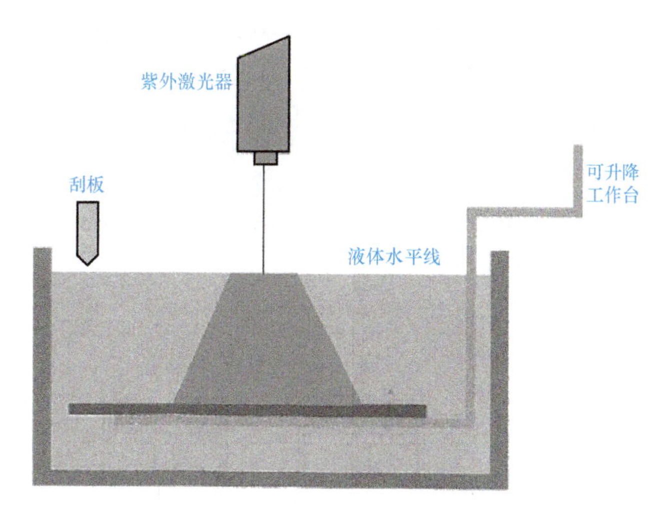

图 10-1　立体固化成型（SLA）技术工艺原理

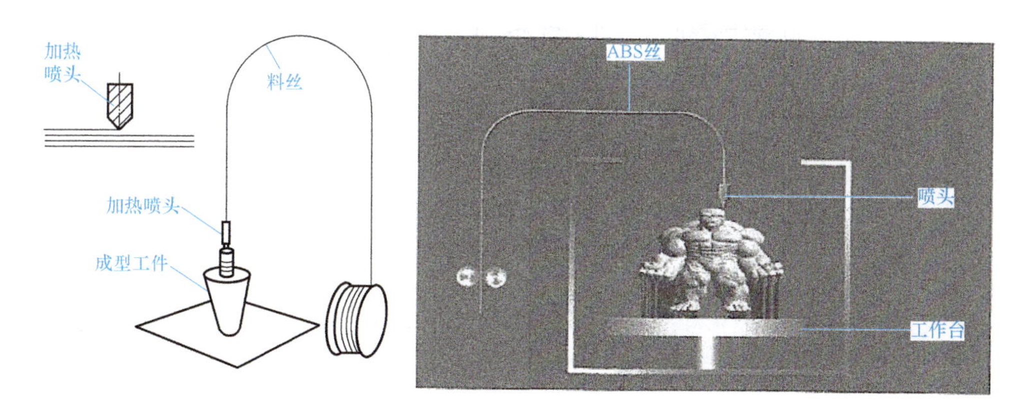

图 10-2　熔融沉积成型（FDM）技术工艺原理

（3）立体喷印（3DP）技术

工艺原理：3DP 设备在控制系统的控制下，喷粉装置在平台上均匀地铺一层粉末，喷粉打印头负责 X 轴和 Y 轴的运动，按照模型一切片得到的截面数据进行运动，有选择地进行黏结剂喷射，构成平面图案。在完成单个截面图案后，打印台下降一个层厚的高度，同时铺粉辊进行铺粉操作，接着进行下一层截面的打印操作。如此周而复始地送粉、铺粉和喷射黏结剂，最终完成三维成型件。其工作原理及成型过程如图 10-3 所示。

（4）选择性激光烧结（SLS）技术

工艺原理：SLS 技术主要是利用粉末材料在激光照射下高温烧结的基本原理，通过计算机控制光源定位装置实现精确定位，然后逐层烧结堆积成型，如图 10-4 所示。

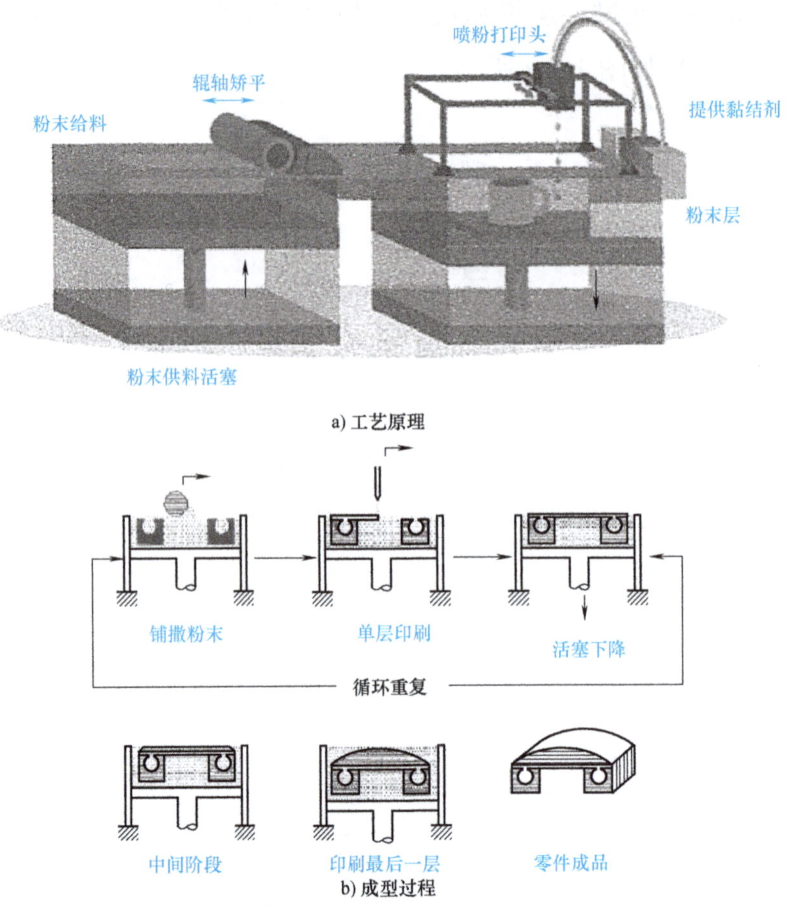

图 10-3　立体喷印（3DP）技术的工艺原理及成型过程

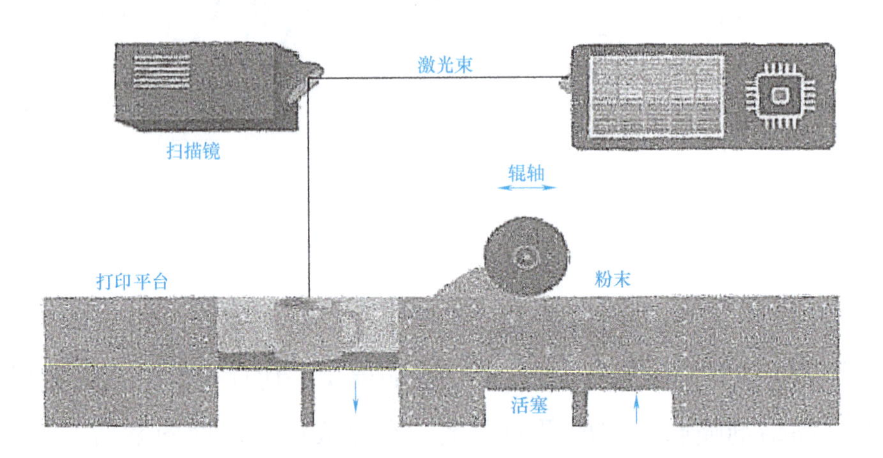

图 10-4　选择性激光烧结（SLS）技术工艺原理

SLS 的工作过程与 3DP 相似，都是基于粉末床进行的，区别在于 3DP 是通过喷射黏结剂来黏结粉末，而 SLS 是利用红外激光烧结粉末。激光烧结时先用铺粉辊轴铺一层粉末材料，通过打印设备里的恒温设施将其加热至恰好低于该粉末烧结点的某一温度，接着激光束在粉层上照射，使被照射的粉末温度升至熔点以上，进行烧结并与下面已制作成型的部分实现黏结。当一个层面完成烧结之后，打印平台下降一个层厚的高度，铺粉系统为打印平台铺上新的粉末材料，然后控制激光束再次照射进行烧结，如此循环往复、层层叠加，直至完成整个三维物体的打印工作。

(5) 分层实体制造（LOM）技术

工艺原理：LOM 技术的成型原理如图 10-5 所示。激光切割系统按照计算机提取的横截面轮廓线数据，对背面涂有热熔胶的片材进行切割。切割完一层后，送料机构将新的一层片材叠加上去，利用热熔胶在热压辊的压力和传热作用下熔化并实现将已切割层黏合在一起，然后再次进行切割。通过逐层的黏合、切割，最终制成三维物体。

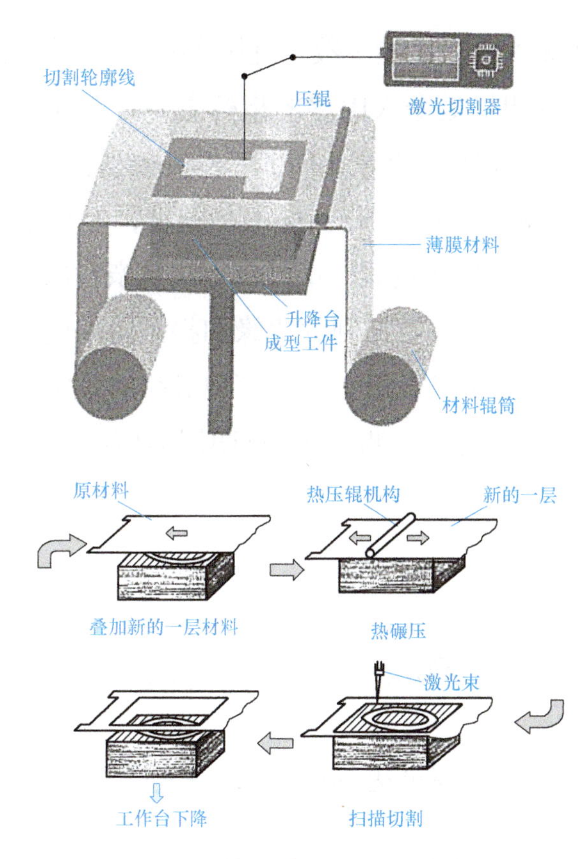

图 10-5　分层实体制造（LOM）技术工艺原理

【查一查】

1. 简述 SLS 技术的工艺原理。

2. 简述 3DP 技术的应用特点。

【知识拓展】

1. 打印速度

打印速度是指单个打印件每秒在 Z 轴方向打印的毫米或英寸值。在保证打印作品质量的前提下，打印速度越快越好。FDM 机型的打印速度最高可达 300mm/s，一般设置在 60mm/s 以上。

2. 打印精度

打印精度是最为重要的一项性能参数，直接影响模型最终的外观质量。

打印精度也是 3D 打印机最令人困惑的指标之一。在部分产品说明书中，打印精度可能被写成分辨率、每英寸点数（DPI）、Z 轴层厚、像素尺寸、喷头直径等。尽管这些参数有助于比较同一类型 3D 打印机的精度，但是很难用来区分比较不同的 3D 打印技术。在比较 3D 打印机时，最好的方法是亲自用眼睛去鉴定不同打印机打印出来的相同的模型成品。查看锋利的边缘和拐角清晰度、最小细节尺寸、侧壁质量和表面光滑度。使用数字显微镜有助于模型成品的鉴定，这种设备可以放大并拍摄微小的细节。当然，使用专门测试 3D 打印用的模型进行检测也是一个很好的选择。

【自学自测】

1. FDM 技术利用热塑性材料的________、________，在计算机控制下层层堆积成型。

2. FDM 机型的打印速度最高可达 300mm/s，一般设置打印速度在______________以上。

3. SLA 技术采用激光逐点照射光固化液态________，使其固化成型，是当前应用最广泛的较高精度成型工艺之一。

学习活动2：课中实训

10.1 泵体建模

1. 泵体二维图样识读与三维建模设计

泵体主要由五部分构成，即底座、底座孔、支承部分、圆筒工作部分和管螺纹部分，通过识读图 10-6 所示二维图样与三维模型，在创建实体过程中主要用到的命令有拉伸、拉伸切除、螺纹创建等。依照产品二维图样尺寸，进行三维设计。其三维模型设计过程可按照图 10-7 步骤进行。

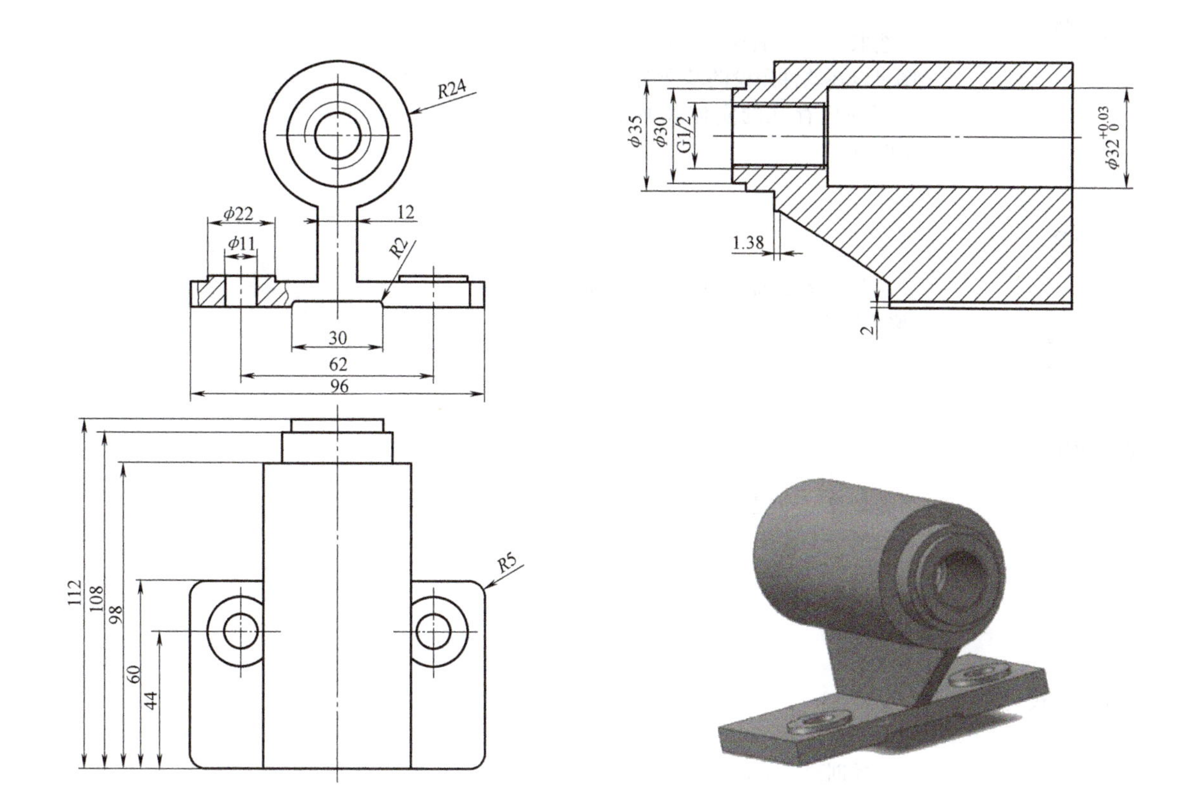

图 10-6　泵体二维图样与三维模型

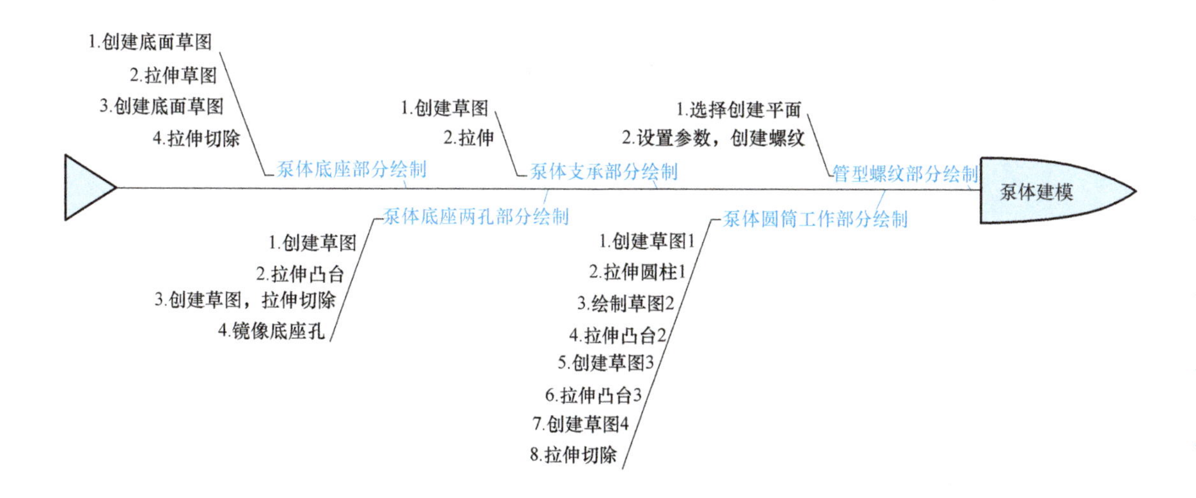

图 10-7　泵体建模过程

2. SolidWorks 基本操作命令（表 10–1）

表 10–1 SolidWorks 基本操作命令

命令及符号	说明	图例
创建圆弧	选取一个平面绘制草图，三维草图可以在软件预设的基准面上绘制，也可在已存在的实体表面（平面）上绘制	
拉伸切除 拉伸切除	绘制草图平面，通过拉伸建立底座实体	
镜像实体 线性阵列	先做出一个底孔，通过线性阵列做出另一个底孔	
绘制管螺纹 异型孔向导	选择创建异型孔的位置	

泵体建模步骤见表 10–2。

表 10–2 泵体建模步骤

序号	步骤	图示
1	单击“草图绘制”命令，选择前视基准面作为草图平面	前视基准面 上视基准面 右视基准面 *等轴测
2	绘制 96mm × 60mm 的矩形，通过约束使矩形中心与坐标原点重合	

（续）

序号	步骤	图示
3	单击“拉伸”命令，对绘制的矩形部分进行拉伸，创建泵体底座部分	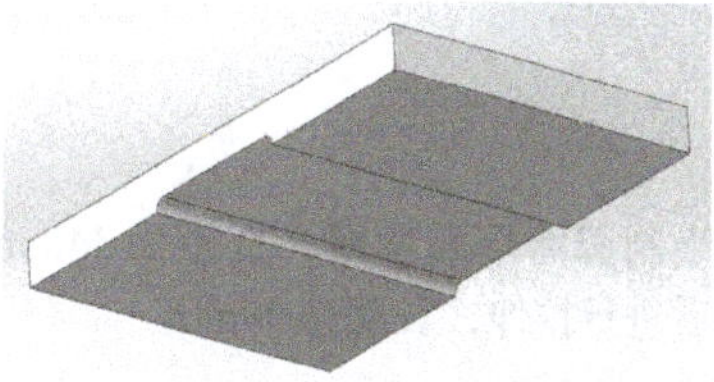
4	以矩形前表面为基准面绘制二维草图	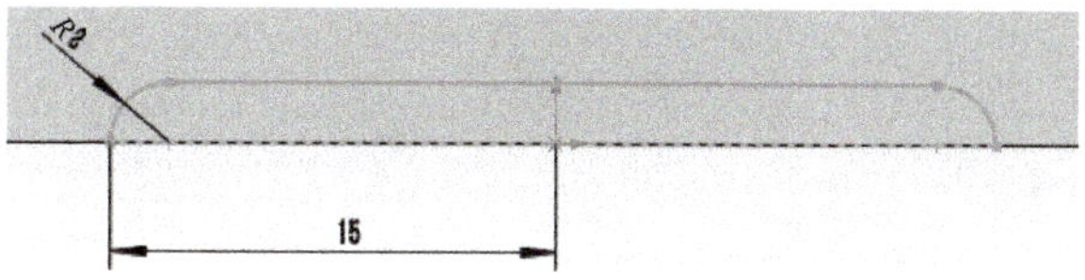
5	通过“拉伸切除”命令，对绘制的底座部分进行切除拉伸	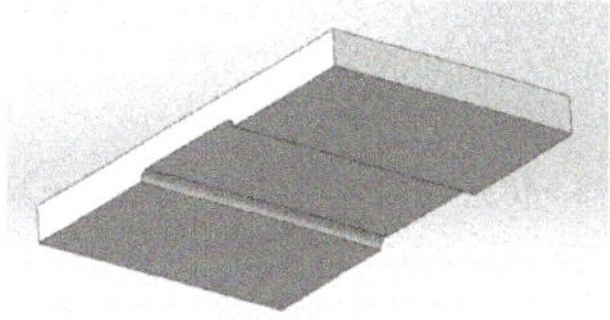
6	创建并镜像圆	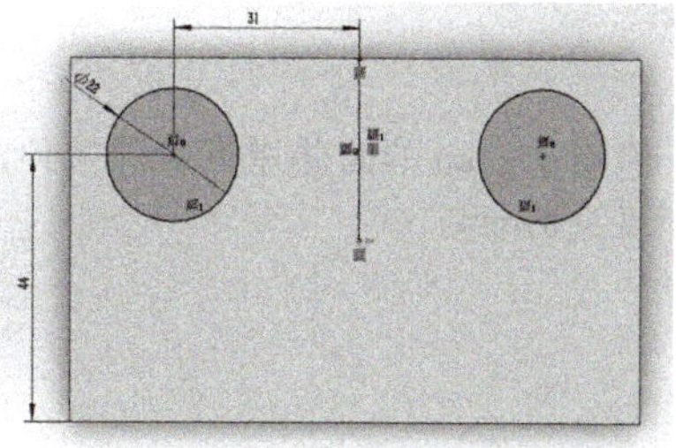
7	拉伸出凸台	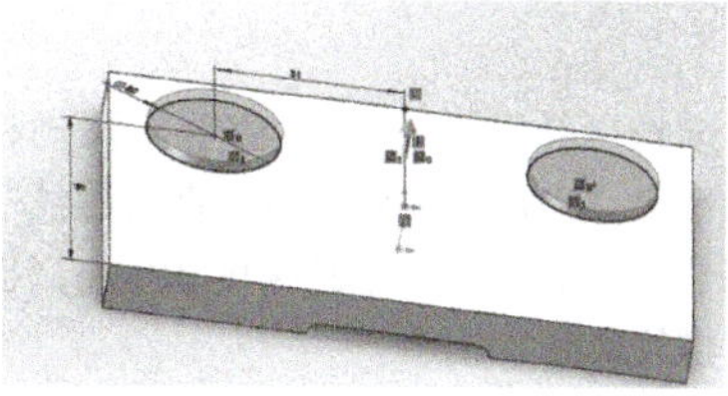
8	以拉伸凸台面选做基准绘制草图，使用“切除拉伸”命令制作底孔，再进行镜像实体	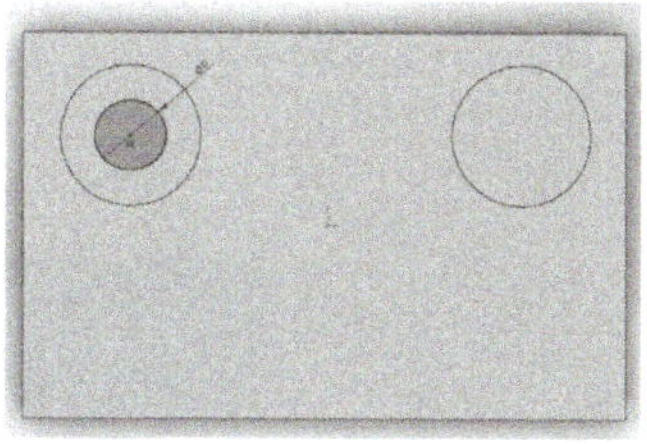
9	选前视图作为基准面绘制草图并进行拉伸	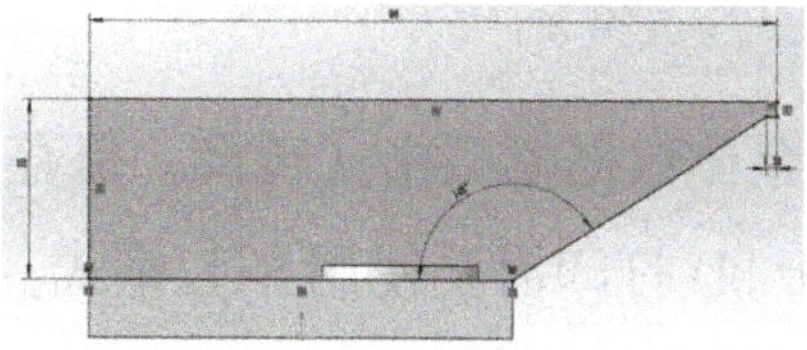

（续）

序号	步骤	图示
10	绘制圆筒端面草图，直径为 44mm，然后进行拉伸，长度为 98mm	
11	绘制圆筒端面草图，直径为 35mm 和 30mm 并进行拉伸，长度为 10mm 和 4mm	
12	绘制 ϕ32mm 的圆并进行切除拉伸，长度为 81mm	
13	选择“异型孔向导”命令，孔规格标准为“GB”，孔类型为“直管螺纹”，规格为“G1/2”，给定深度 30mm，创建螺纹部分	

10.2 泵体打印

1. 数据处理

1）泵体数据模型格式转换。保存泵体产品模型为 STP 格式。

由于 3D 打印需要使用 STL 格式，所以应将设计的泵体模型另存为 STL 格式，如图 10–8 所示。

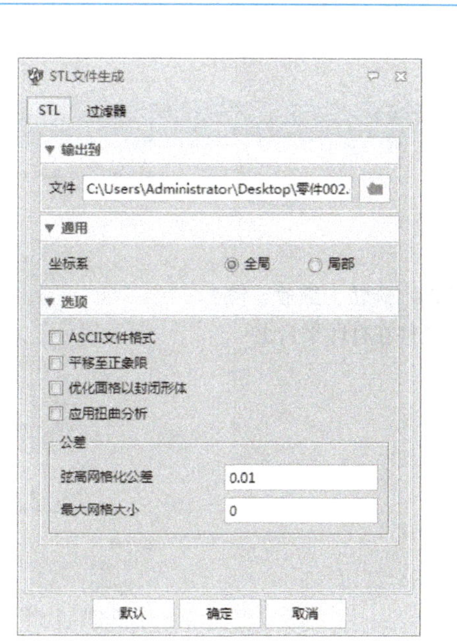

图 10-8　STL 文件转换

2）模型打印步骤（表 10-3）。

表 10-3　模型打印步骤

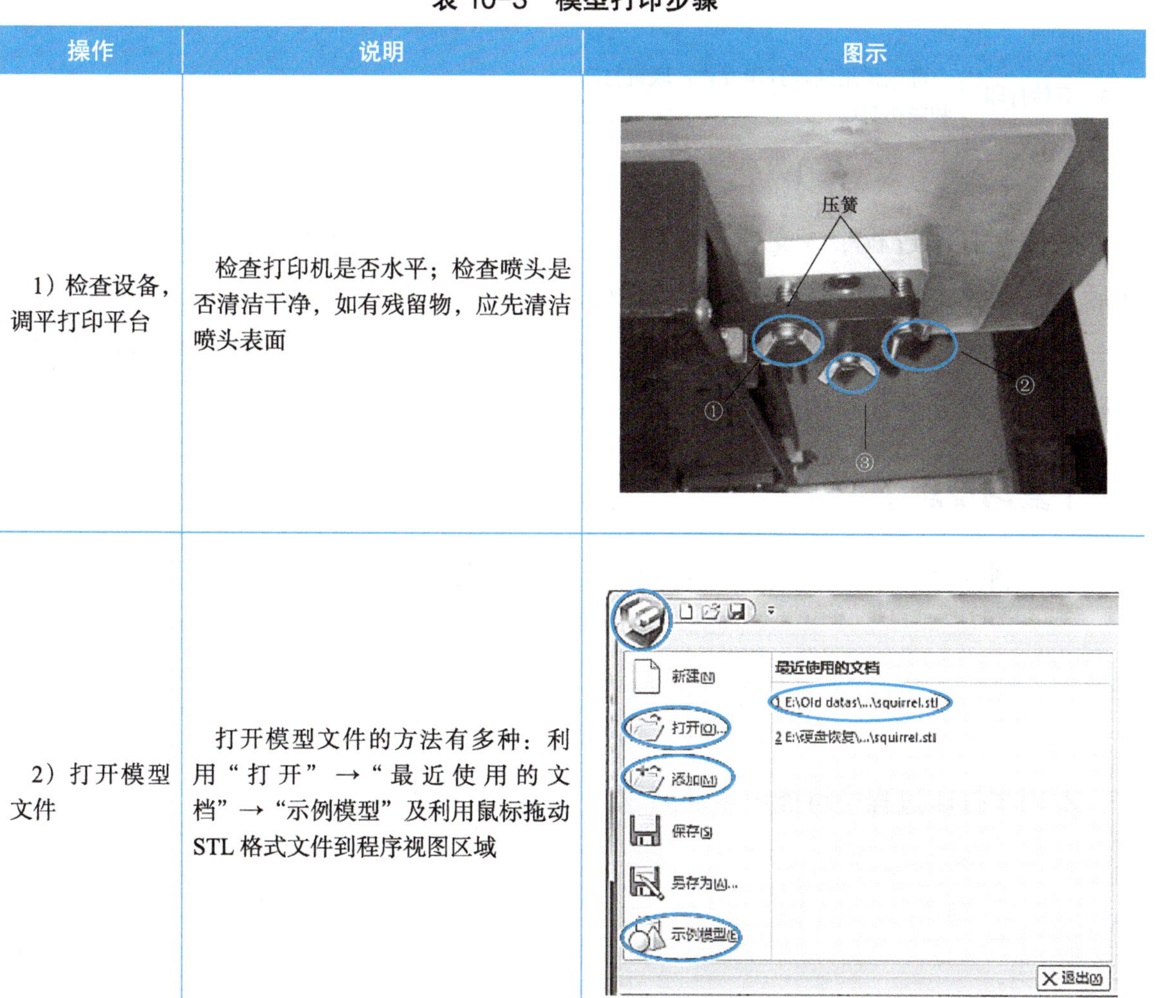

操作	说明	图示
1）检查设备，调平打印平台	检查打印机是否水平；检查喷头是否清洁干净，如有残留物，应先清洁喷头表面	压簧 ① ② ③
2）打开模型文件	打开模型文件的方法有多种：利用“打开”→“最近使用的文档”→“示例模型”及利用鼠标拖动 STL 格式文件到程序视图区域	新建(N) 打开(O)... 添加(M) 保存(S) 另存为(A)... 示例模型(E) 最近使用的文档 1 E:\Old datas\...\squirrel.stl 2 E:\硬盘恢复\...\squirrel.stl 退出(X)

（续）

操作	说明	图示
3）调整 STL 文件的位置及大小	对文件进行移动、旋转、缩放、镜像等操作，确保文件在打印平台上	
4）生成路径	在“路径生成器”中生成打印路径；	路径生成器 基本设置 打印模式：MODE-Quality 打印材料：PLA 支撑模式：内外支撑 打印基座 薄壁件 参数设置 打印速度：50 mm/s 挤出速度：50 mm/min 喷头温度：195 ℃ 平台温度：0 ℃ 打印层厚：0.15 mm 封面实心层：4 层 外圈实心层：2 层 填充线间距：3 mm 剥离系数：2.6 比率 支撑角度：50 角度 恢复默认值 生成完毕自动开始打印 开始生成路径 取消
5）开始打印	可以采用两种打印方式：联机打印和脱机打印	

2. 3D 打印产品的后处理

泵体在打印过程中，支撑相对较少，以圆筒面作为放置打印的基准面，打印完成后，只需要去除 2 个底孔内的支撑即可。去除支撑前，先用酒精浸泡 3 ～ 5min。

注意：处理支撑时要戴防护手套，内部悬空部分的支撑在酒精清洗后边清洗边去除。步骤参见第 8 章的后处理操作。

【复习反思】

1. 在制件过程中，支撑类型的选择对打印产品质量有何影响？

2. 列举打印过程中可能出现的问题，并简述解决方案。

10.3　实训总结与评价

学习活动完成后，依据考核评价表（表 10–4），由小组、教师、企业三方进行评价。

表 10–4　考核评价表

<table>
<tr><th>评价项目</th><th>考核内容</th><th>考核标准</th><th>配分</th><th>小组评分</th><th>教师评分</th><th>企业评分</th><th>总评</th></tr>
<tr><td rowspan="8">学习活动完成情况（80 分）</td><td>学习活动分析</td><td>正确率 =100%，5 分
80% ≤正确率＜ 100%，4 分
60% ≤正确率＜ 80%，3 分
正确率＜ 60%，0 分</td><td>5</td><td></td><td></td><td></td><td></td></tr>
<tr><td>设计</td><td>合理，10 分
基本合理，6 分
不合理，0 分</td><td>10</td><td></td><td></td><td></td><td></td></tr>
<tr><td>建模</td><td>规范、熟练，10 分
规范、不熟练，5 分
不规范，0 分</td><td>10</td><td></td><td></td><td></td><td></td></tr>
<tr><td>数据处理</td><td>参数设置正确，20 分
参数设置不正确，0 分</td><td>20</td><td></td><td></td><td></td><td></td></tr>
<tr><td rowspan="2">打印成型</td><td>操作规范、熟练，10 分
操作规范、不熟练，5 分
操作不规范，0 分</td><td rowspan="2">25</td><td rowspan="2"></td><td rowspan="2"></td><td rowspan="2"></td><td rowspan="2"></td></tr>
<tr><td>加工质量符合要求，20 分
加工质量不符合要求，0 分</td></tr>
<tr><td rowspan="2">后处理</td><td>处理方法合理，5 分
处理方法不合理，0 分</td><td rowspan="2">10</td><td rowspan="2"></td><td rowspan="2"></td><td rowspan="2"></td><td rowspan="2"></td></tr>
<tr><td>操作规范、熟练，10 分
操作规范、不熟练，5 分
操作不规范，0 分</td></tr>
<tr><td rowspan="4">职业素养（20 分）</td><td>劳动保护</td><td>按照规范穿戴防护用品</td><td rowspan="4">每违反 1 次扣 5 分，扣完为止</td><td rowspan="4"></td><td rowspan="4"></td><td rowspan="4">注：此项企业只需填写总分</td><td rowspan="4"></td></tr>
<tr><td>纪律</td><td>不迟到、不早退、不旷课</td></tr>
<tr><td>表现</td><td>积极、主动、互助、负责、有改进和创新精神等</td></tr>
<tr><td>6S 规范</td><td>符合 6S 管理要求</td></tr>
<tr><td>总分</td><td colspan="7"></td></tr>
<tr><td colspan="2">学生签名</td><td></td><td colspan="2">教师签名</td><td colspan="3"></td></tr>
</table>

学习活动3：课后提升

10.4 3D 打印件的表面处理方法

FDM 成型技术是将喷头挤出的加热材料逐层堆积成三维实体模型，因此会在实体模型表面形成层与层之间连接的纹路，如图 10-9 所示，纹路的粗细取决于层厚，层厚越小，纹理越不明显。但是，打印层厚的减小将增加分层的数量，从而增加打印时间和降低打印效率。因此，较经济的做法是，选用较大的层厚完成模型的打印，然后通过表面处理光整表面纹路，以实现较短的打印时间和较佳的模型实体外观质量。

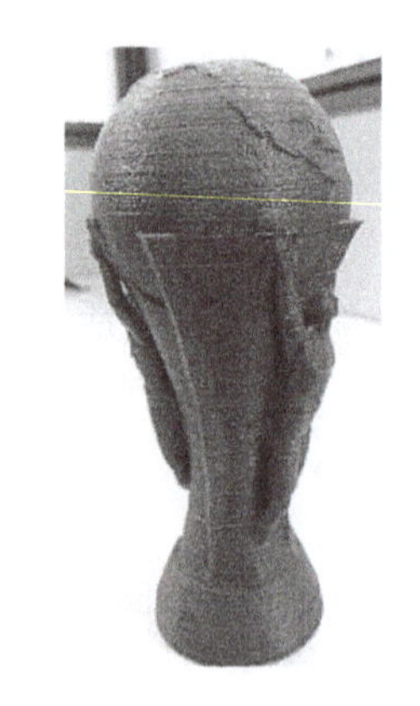

图 10-9　3D 打印实体模型表面的纹理

3D 打印实体模型常见的表面处理方法有砂纸打磨、喷丸处理、溶剂浸泡和溶剂熏蒸。

（1）砂纸打磨　如图 10-10 所示，砂纸打磨是利用砂纸摩擦去除模型表面的凸起部分，光整模型表面的纹路。

常用的做法是采用水磨砂纸配合水对模型进行打磨，先用粗砂纸进行粗磨，然后用细砂纸进行细磨。例如，ABS 材料 3D 打印模型一般首先采用 240 目的砂纸粗磨，使模型表面纹路快速细化；然后采用 300 目的砂纸半精磨，使模型表面的纹路基本消除；最后采用 400 目的砂纸精磨，使模型表面光滑，达到喷漆上油前的要求。砂纸打磨是一种廉价且行之有效的方法，一直是 3D 打印模型后期表面处理最常用、适用范围最广的技术之一。

（2）喷丸处理　喷丸处理是指操作人员手持喷枪，朝着 3D 打印模型高速喷射介质小珠，从而得到表面光滑的效果，如图 10-11 所示。喷丸处理喷射的介质通常是热塑性塑料颗粒，一般在密闭的腔室里进行。喷丸处理 5 ～ 10min 即可完成，处理过后模型表面光滑，有均匀的亚光效果。

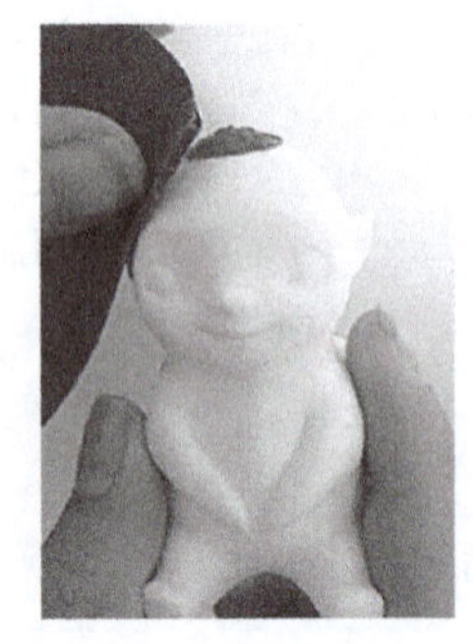

图 10-10　砂纸打磨

图 10-11　喷丸处理

(3) 溶剂浸泡　ABS 模型可以使用丙酮溶剂抛光，其使用灵感来自指甲油。丙酮可以溶解 ABS 材料，在通风处煮沸丙酮溶剂来浸泡打印成品，或者将模型和丙酮溶剂置于封闭的环境中（如玻璃罩），丙酮蒸汽会慢慢腐蚀表面，使其光滑（图 10-12）。

PLA 材料则不可用丙酮抛光，需要使用专用的抛光液，如果和抛光机一起搭配使用，短短几分钟时间就可以使 3D 模型表面更加光滑（图 10-13）。

图 10-12　溶剂浸泡

图 10-13　抛光效果

(4) 溶剂熏蒸　与溶剂浸泡类似，溶剂熏蒸也是利有机溶剂对 ABS 材料的溶解性，对 3D 打印模型进行表面处理。不同之处在于，溶剂熏蒸首先是将有机溶液加热形成蒸汽，然后将 3D 打印模型放置在蒸汽中，由高温蒸汽均匀溶解模型表层的材料，从而获得光洁表面。相对于溶剂浸泡，溶剂熏蒸可以均匀地溶解模型表层（理想溶解层厚度约为 0.002mm），因此，可以在不显著模型影响尺寸和形状的前提下获得光洁外观。

10.5　手机支架的设计与打印（任务拓展）

设计一款手机支架，并将其打印出来（图 10-14 示例供参考）。

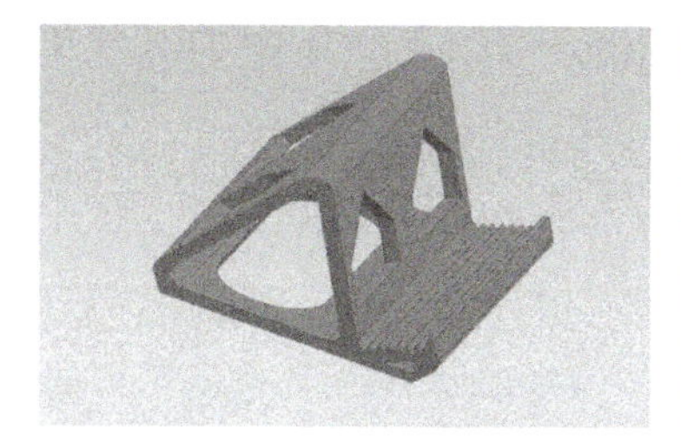

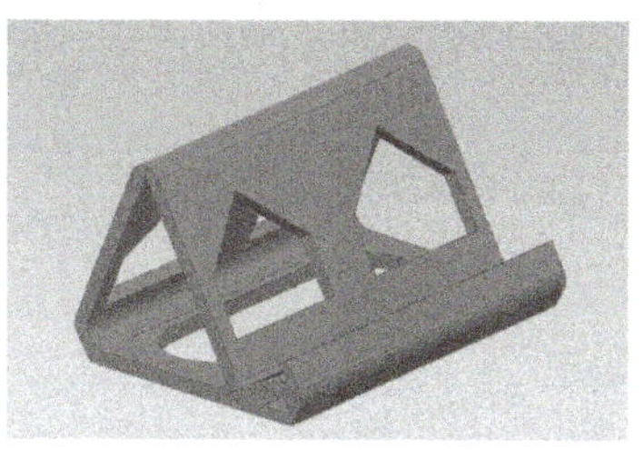

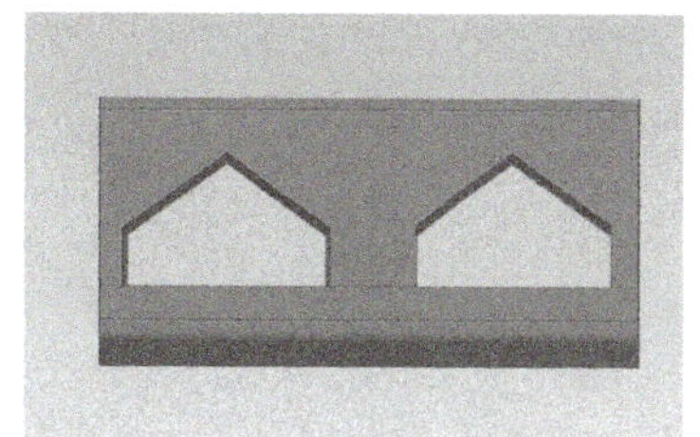

图 10-14　手机支架示例

第 11 章　柱塞泵阀体的设计与打印

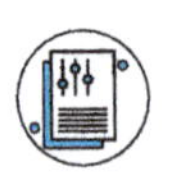

【教学目标】

知识目标：

1. 认真阅读任务单，清楚柱塞泵阀体的设计与打印工作任务内容。
2. 了解阀体在柱塞泵中的作用。
3. 熟知柱塞泵阀体的结构特点及不同阀体结构的应用场合。

能力目标：

1. 能够根据柱塞泵的结构特点，设计完成阀体的结构三维图。
2. 能够绘制阀体的工程图。
3. 能够根据阀体的结构进行数据处理及切片。
4. 能使用 SolidWorks 软件的拉伸、旋转、螺纹线等相关命令完成设计任务。
5. 能完成 3D 打印作品的切片及后处理任务。

素养目标：

1. 培养学生的分析能力，提升团队协作能力。
2. 提高学生的创新能力。

【思维导图】

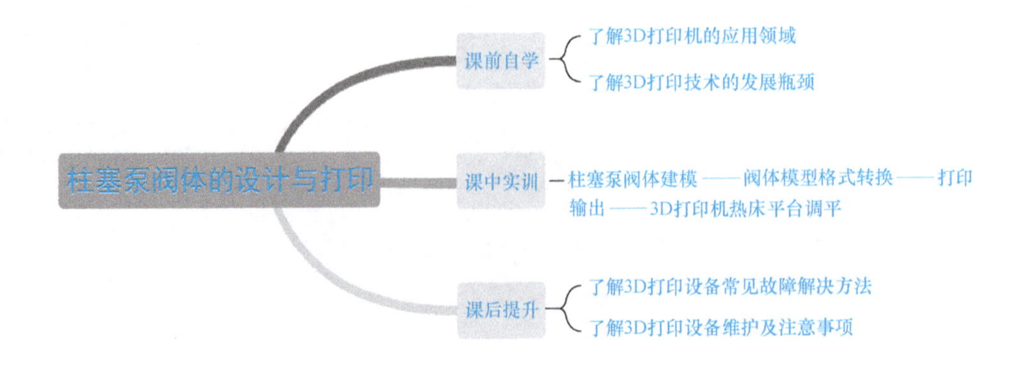

学习活动1：课前自学

【想一想】

1. 3D 打印机的应用领域（表 11-1）

表 11-1　3D 打印机的应用领域

应用领域	举例
生物医疗	
交通运输	
建筑工程	
工业装备	
其他	

2. 3D 打印技术的发展瓶颈

3D 打印技术也有自己的缺点，它们影响了 3D 打印技术的发展速度。

请根据提示的现象判断是什么原因限制了 3D 打印技术的发展，并填写表 11-2。

表 11-2　3D 打印技术发展瓶颈

图例	现象	发展瓶颈
	虽然高端工业印刷可以实现塑料、某些金属或者陶瓷的打印，但目前无法实现打印的材料都是比较昂贵和稀缺的 另外，现在的打印机还没有达到成熟的水平，无法支持日常生活中所接触到的各种各样的材料	
	目前的 3D 打印技术在重建物体的几何形状和机能上已经达到一定的水平，但是对于那些运动的物体则难以实现打印 这一困难对于制造商来说也许是可以解决的，但是 3D 打印技术想要进入普通家庭，每个人都能随意打印想要的东西，那么就必须消除机器的限制	

（续）

图例	现象	发展瓶颈
	3D 打印技术的成本高，对于普通大众来说更是如此。例如，第一台在网店上架的 3D 打印机的售价为 1.5 万元，有多少人愿意花费这个价钱尝试这种新技术呢？也许只有爱好者们	

【查一查】

1. 3D 打印完成的产品需要进行处理吗？常见的后处理方法有哪些？

2. 3D 打印机打印完模型后，有哪些方法可以从工作平台上快速拆除模型？

3. 常用切片处理软件有哪些？

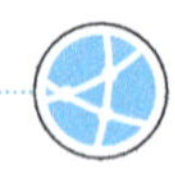

【自学自测】

1. SLS 技术是指________技术。

2. 3D 打印技术包括________、3D 打印过程和 3D 打印后处理。

3. 金属零部件 3D 打印后处理主要包括________、热处理等过程。

4. 金属 3D 打印技术在________领域具有突出优势。

5. EBSM 技术打印的金属零部件沉积态的热应力比 SLM 技术打印的同种零件________。

6. ________率先将 3D 打印技术用于军用航空发动机的修理。

学习活动2：课中实训

11.1 阀体建模

1. 了解柱塞泵阀体的作用

柱塞式液压泵是依靠柱塞在缸体内的往复运动，形成密封容积的变化，以实现吸油和压油的。其外观如图 11-1 所示。

当柱塞向后运动时，出口管道阀门关闭而进口管道阀门打开，流体便从进口管道被吸进缸体中；当柱塞向前运动时，进口管道阀门关闭而出口管道阀门打开，缸体中的流体被压便从出口管道送出，柱塞在缸体中不停地往复运动，流体就源源不断地输送到目标机构中，这就是柱塞的作用。柱塞泵主要用在工作压力较高的场合，压力较低的场合多采用其他机构。

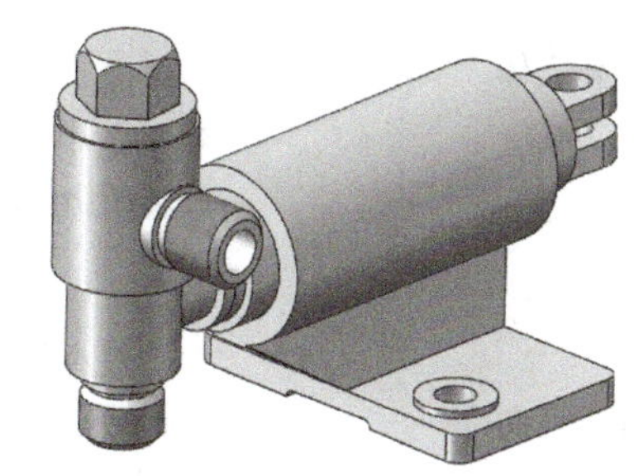

图 11-1　柱塞泵阀体

2. 阀体二维图样识读与三维建模设计

分析阀体的结构特征，理解其运动原理，根据任务单提供的二维图样进行三维建模并在此基础上进行创新设计。

对于阀体的设计，需要用到实体建模操作命令，以及草图、螺纹线等命令。此外，在细节设计上需要一些特殊的操作技巧，如基准平面的创建、倒圆角、孔命令等。

阀体三维模型设计可按照以下步骤进行：

1）创建阀体的主体结构，即 ϕ38mm 的圆柱。

2）创建 ϕ30mm 的圆柱，做台阶。

3）创建 ϕ22mm 的螺纹圆柱段，以及与其工艺配合的退刀槽。

4）在此基础上创建两个成 90° 的接口。

创建完成的阀体模型如图 11-2 所示。

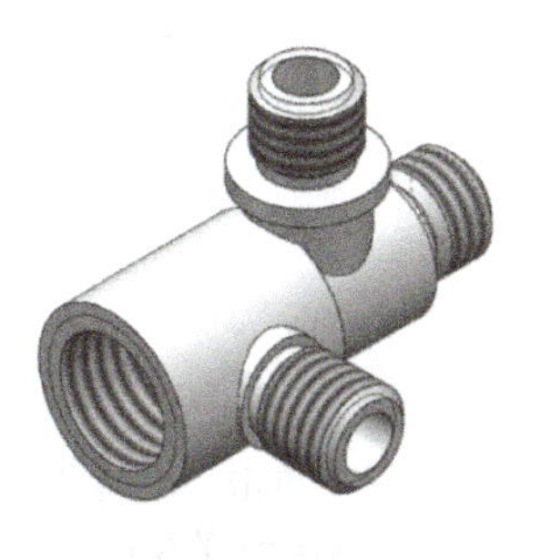

图 11-2　阀体模型

3. SolidWorks 基本操作命令

SolidWorks 基本操作命令见表 11-3。

阀体建模步骤见表 11-4。

表 11-3　SolidWorks 基本操作命令

命令及符号	说明	图例
创建参考平面 	单击基准面为第一参考选择一个实体，软件会根据选择的对象生成最可能的基准面。可以在第一参考下选择“平行”“垂直”等选项来修改基准面	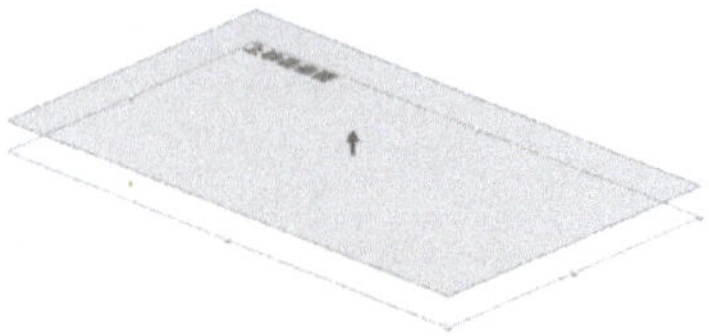
创建圆 	创建圆、周边圆	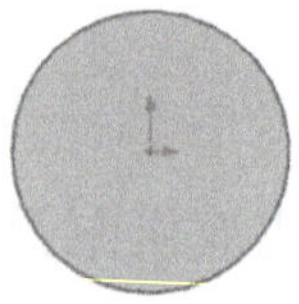
旋转实体 	生成一张草图，包含一个或多个轮廓和一条中心线、直线或边线，作为特征旋转所绕的轴	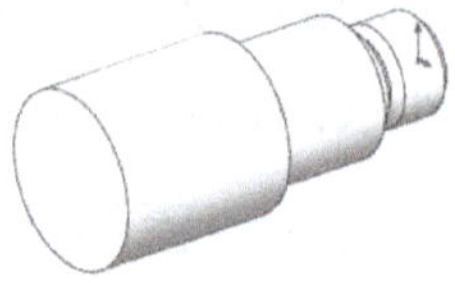
异型孔向导 	一般在设计阶段将要结束时生成孔，这样可以避免因疏忽而将材料添加到现有的孔内。此外，如果准备生成不需要其他参数的简单直孔，可使用“简单直孔”命令	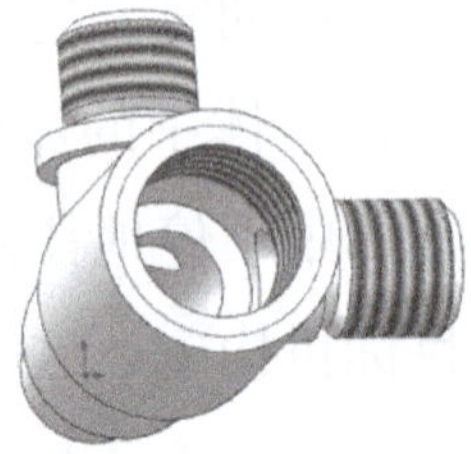

表 11-4　阀体建模步骤

序号	步骤	图示
1	单击“草图绘制”命令，选择前视基准面作为草图平面	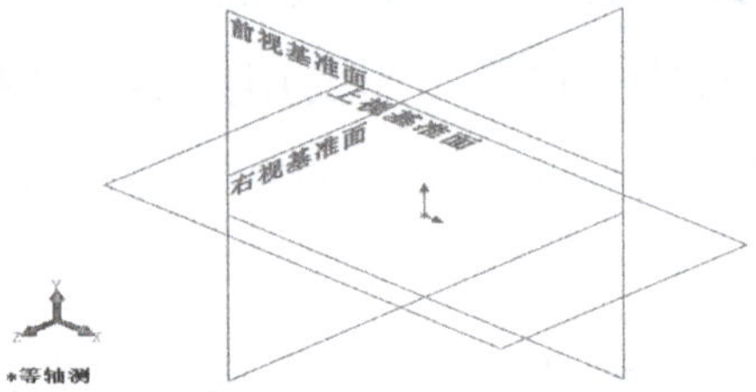
2	绘制零件形状，画出外部的台阶线段，根据图样画出内部台阶面，结束草图绘制	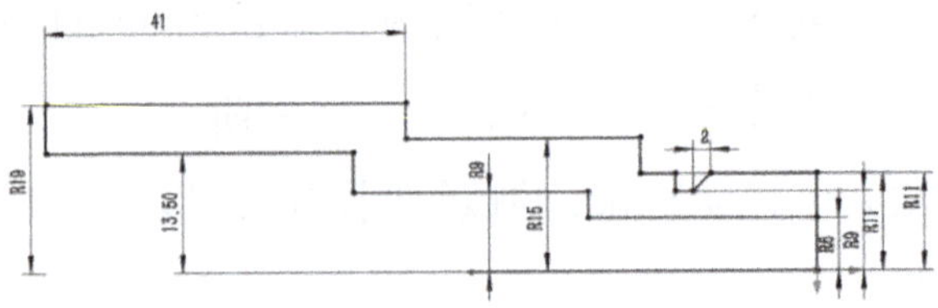
3	单击“旋转凸台/基体”命令，对绘制的草图进行旋转，旋转角度为 360°，创建阀体的主体部分	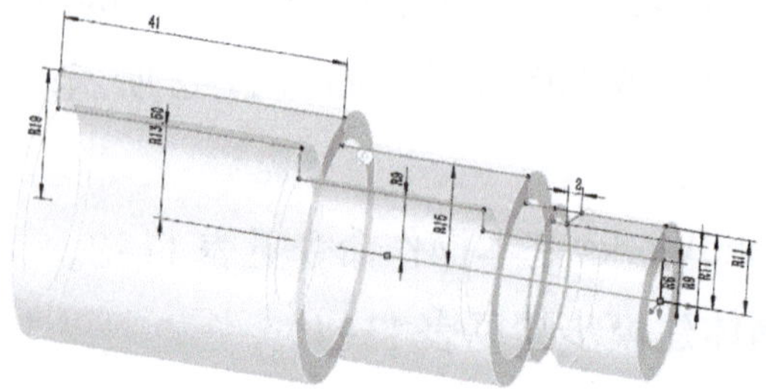

（续）

序号	步骤	图示
4	在阀体螺纹端进行端面倒角	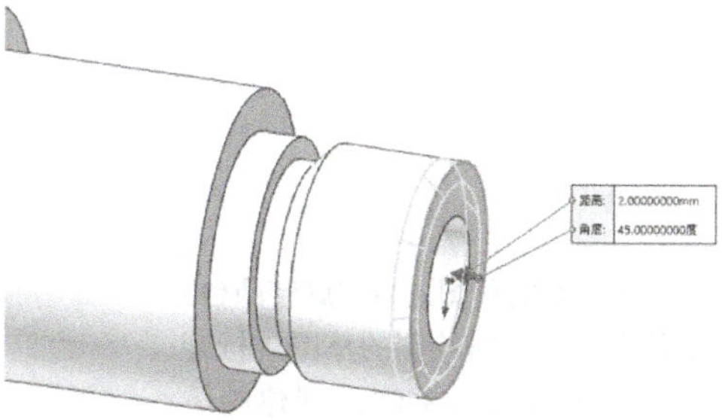
5	在此圆柱面上进行装饰螺纹贴图，内孔也进行相同的操作	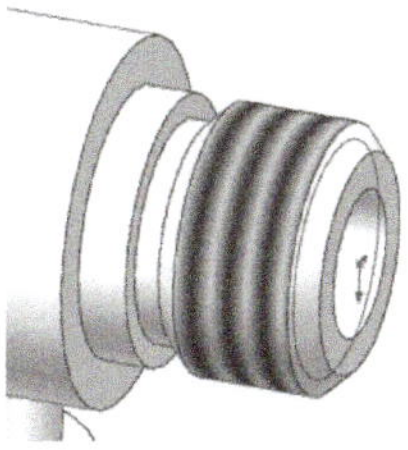
6	绘制阀体的接口，与绘制主体草图相似，对局部轮廓进行草图绘制，此时不需要将孔绘制出	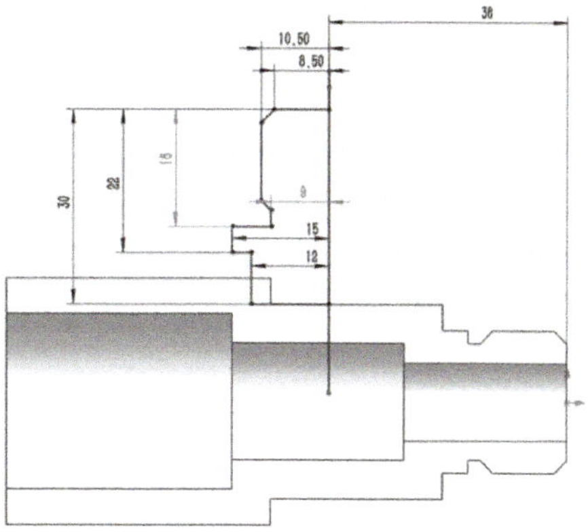
7	对上一步的草图进行“旋转凸台/基体”操作，对绘制的草图进行旋转，旋转角度为 360°，创建阀体的主体部分	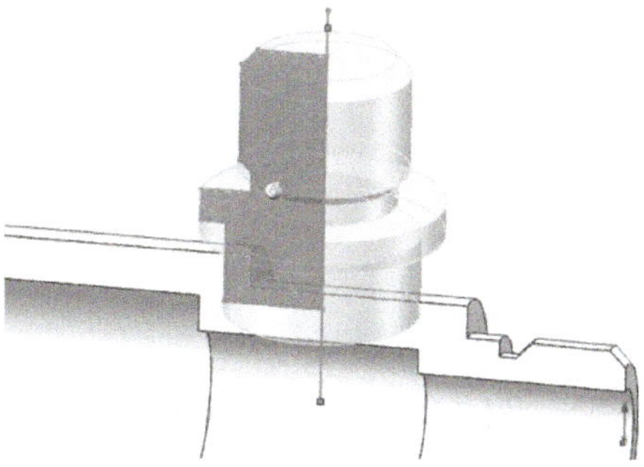
8	绘制阀体的另一个接口，与绘制主体草图原理相同，对局部轮廓进行草图绘制，此时不需要将孔绘制出	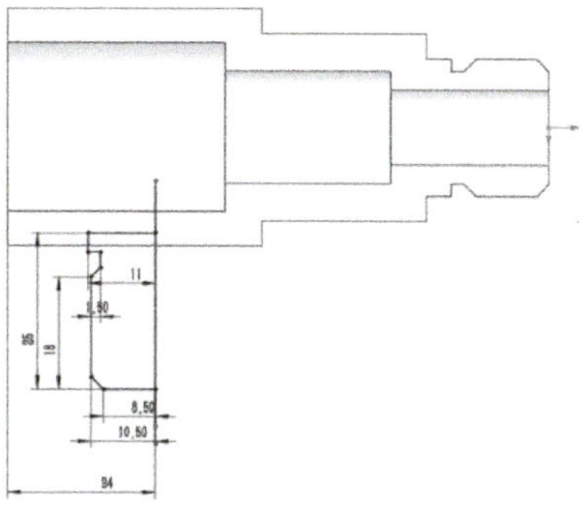

（续）

序号	步骤	图示
9	对上一步的草图进行“旋转凸台/基体”操作，对绘制的草图进行旋转，旋转角度为 360°，创建阀体的主体部分	
10	对模型的两个接口进行钻孔的操作，单击“异型孔向导”，选择需要钻孔的面，确定钻孔的位置，再确定孔的类型	

11.2 阀体打印

1. 阀体模型格式转换

图 11-3、图 11-4 所示为阀体的 STL 模型文件。

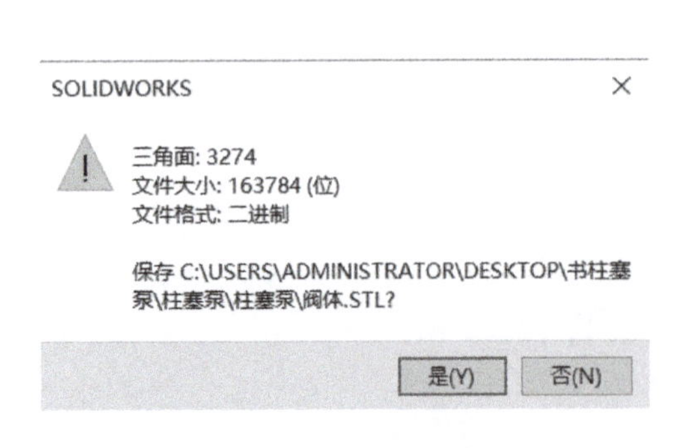

图 11-3　保存为 STL 格式

图 11-4　阀体的 STL 模型文件

2. 3D 打印阀体模型操作步骤（表 11-5）

表 11-5　3D 打印阀体模型操作步骤

操作步骤	操作说明	图示
1. 检查 3D 打印机设备，调平打印平台	检查打印机是否水平；检查喷头是否清洁干净，如有残留物，应先清洁喷头表面	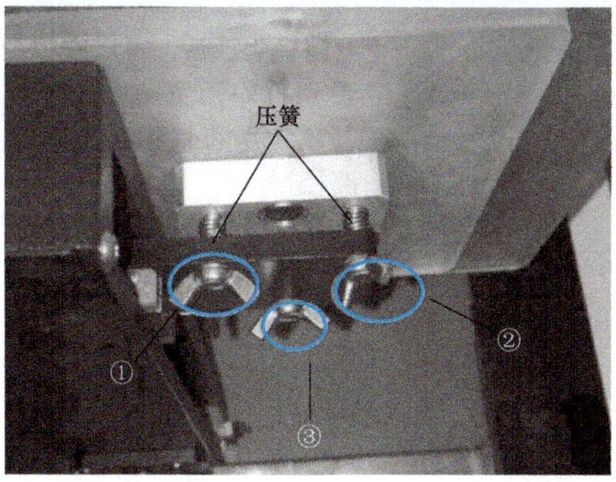 压簧 ① ② ③
2. 打开阀体模型文件	打开 3dStart 软件，打开模型文件的方法有多种：利用“打开”→“最近使用的文档”→“示例模型”或使用鼠标拖动 STL 格式文件到程序视图区域	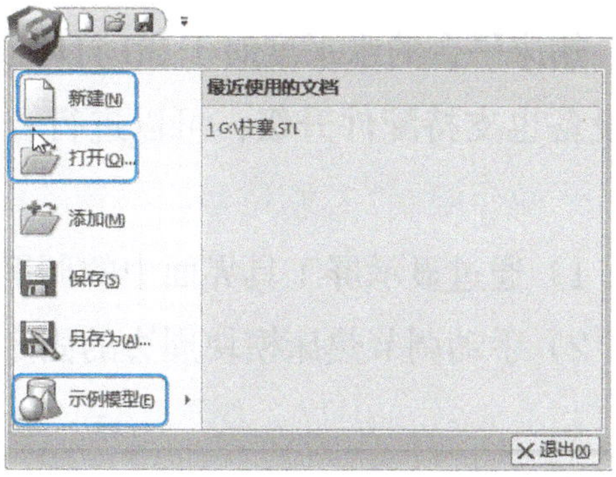 新建(N) 打开(O)... 添加(M) 保存(S) 另存为(A)... 示例模型(E) 最近使用的文档 退出(X)
3. 调整阀体的位置及大小	单击“模型编辑”对阀体进行移动、旋转、缩放、镜像等操作，使阀体在打印过程中保持水平，尽量选择较少的支撑放置位置，确保文件在打印平台上	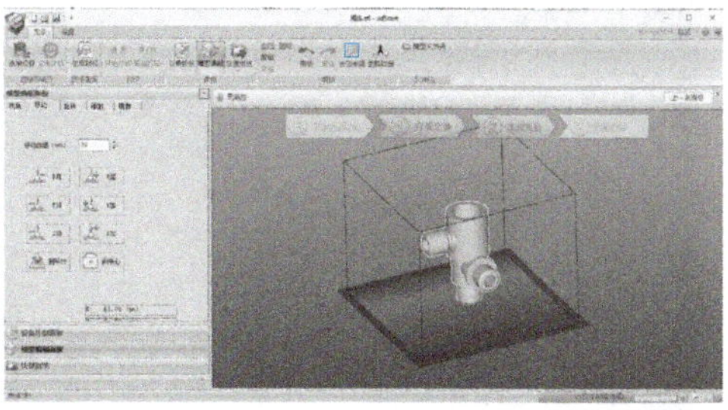
4. 生成路径	单击“生成路径”，弹出“路径生成器”，选择合适的打印模式、支撑模式，设置正确的打印参数，单击“确定”按钮，生成打印路径	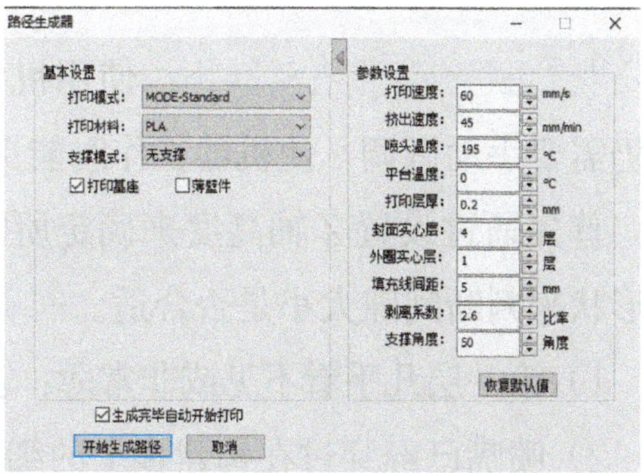 路径生成器 基本设置 打印模式：MODE-Standard 打印材料：PLA 支撑模式：无支撑 打印基座 薄壁件 参数设置 打印速度：60 mm/s 挤出速度：45 mm/min 喷头温度：195 ℃ 平台温度：0 ℃ 打印层厚：0.2 mm 封面实心层：4 层 外圈实心层：1 层 填充线间距：5 mm 剥离系数：2.6 比率 支撑角度：50 角度 恢复默认值 生成完毕自动开始打印 开始生成路径 取消

（续）

操作步骤	操作说明	图示
5. 开始打印	路径生成后，可以在视图区域看到打印预览。检查是否生成基座，是否根据设置生成打印路径 开始打印：可采用两种打印方式，联机打印和脱机打印	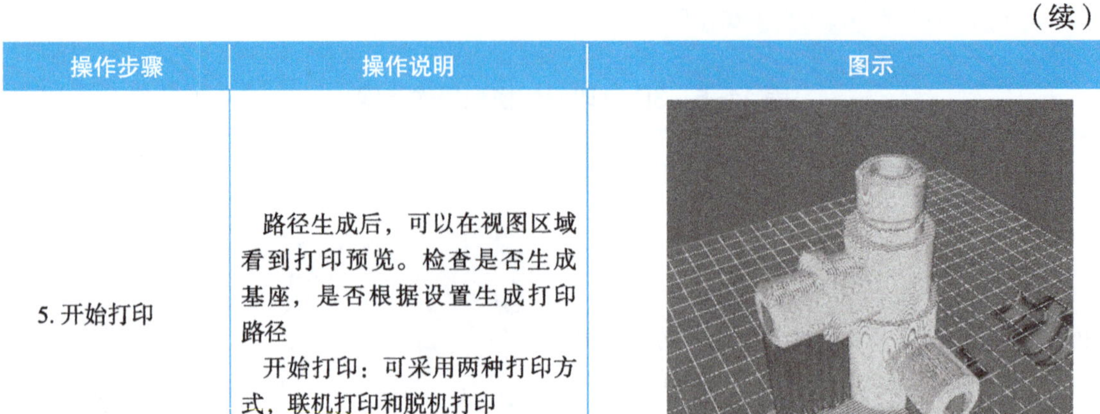

3. 3D 打印机热床平台调平

热床平台的水平度对于 3D 打印质量非常重要，甚至会影响打印成功率，部分老款设备也支持配件升级，可以进行智能水平补偿，首次使用时仍然需要手动调平一次。下面介绍 3D 打印机热床平台的调平操作，可通过两方面来调平：

1）通过显示屏工具界面中的调平控制功能。

2）手动调节热床模块周边的固定装置。

（1）正确认识热床调平功能　新机器工作之前需要检测热床是否平整，打印第一层高度是否合适。首先通过机器自带功能辅助调平（图 11-5 和图 11-6）。

图 11-5　辅助调平功能

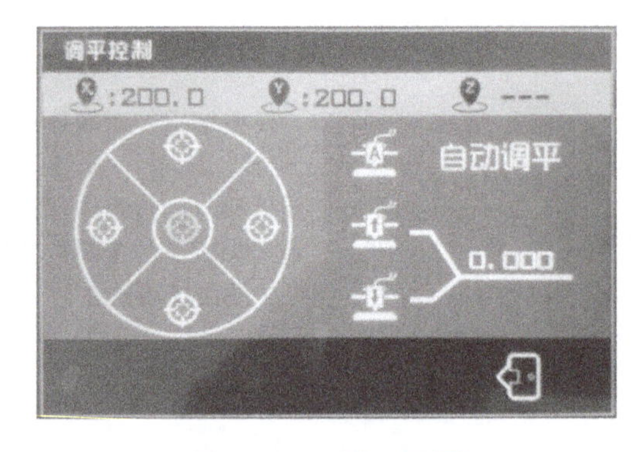

图 11-6　调平设置

（2）认识手动调平操作　使用机器辅助调平功能调平过后，在第一次工作过程中仍需要手动微调，使机器工作时能更好地完成打印任务。

首先通过设置 Z 轴高度来确定所需的喷嘴间隙，可以通过查看喷嘴上挤出丝材的形状来判断间隙大小是否合适。间隙不当的现象和原因如下：

1）第一层几乎看不见或非常薄：表明 Z 轴高度设置得太低，造成喷嘴间隙太小。

2）喷嘴已经穿过在构建板上的细丝：这也表明喷嘴太靠近热床底板。

3）细丝聚集在喷嘴上：原因是喷嘴太靠近底板。

4）没有长丝挤压到构建板上：原因是喷嘴尖端靠近热床底板表面，造成没有剩余空间推出长丝。

5）细丝不会黏在热床底板表面上：喷嘴应该在每个挤压细丝作用下，压下足够的长度，使其挤压到热床底板表面并黏住。如果喷嘴距离太远，则不会出现这种情况。

6）细丝出现面条状：原因是喷嘴在构造板上方过高。

然后手动调节 Z 轴高度来得到合适的喷嘴间隙，具体步骤如下：

1）准备好索引卡。这是最重要的 3D 打印平台调整工具，可以是一小块普通办公用纸，通过感受纸张产生的阻力来调节。

2）创建工作空间。大多数 FDM 打印机安装有三个或四个可调螺钉，位于底板的角部或侧面，旋转该螺钉可增加喷嘴和底板之间的距离。

3）移动打印平台。手动或使用控制 3D 打印机的软件使喷嘴靠近打印平台。

4）测量和调整。校准 3D 打印机，使其四个角和中间尽可能保持水平。注视其中一个角，将打印头移到那里，把索引卡放在喷嘴和 3D 打印平台之间。如果在喷嘴和热床底板之间来回拖动索引卡没有阻力，则调整最近的螺钉以减小间隙。注意不要用手对 3D 打印机施加压力，因为这会将热床推到某个位置而使间隙变大。再次使用索引卡重复上面的工作，直到可以感觉到来自喷嘴的轻微拖拽和 3D 打印机打印平台在前后移动时能够接触到索引卡。当角部合适时，对构建板中间的打印头执行相同的操作。必要时重新调整螺钉。然后，再次仔细检查每个角部和中心，因为调整中可能会影响其他点。如果出现这种情况，应重复整个过程，直到所有点均匀。

5）检查第一层。在执行完整的 3D 打印作业之前，最好只打印第一层，以验证热床平台水平度调整和喷嘴间隙调整是否到位。 如果打印成功，第一层应该在整个表面上看起来大致相同。当 Z 轴高度调整得恰到好处时，喷嘴间隙应该在构建板上产生轻微压扁的细丝。 每条线应该接触，但不要重叠太多，以避免在制件表面或喷嘴上形成细丝。

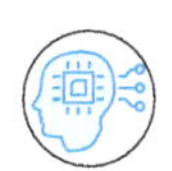

【复习反思】

1. 在切片过程中，填充百分比对打印产品质量有何影响？

2. 列举打印过程中可能出现的问题，并说明解决方案。

3. 简述该任务实施中 3D 打印的优势与劣势。

11.3 实训总结与评价

依据考核评价表（表 11-6），由小组、教师、企业三方进行评价。

表 11-6 考核评价表

评价项目	考核内容	考核标准	配分	小组评分	教师评分	企业评分	总评
学习活动完成情况（80 分）	学习活动分析	正确率 100%，5 分 80% ≤正确率< 100%，4 分 60% ≤正确率< 80%，3 分 正确率< 60%，0 分	5				
	设计	合理，10 分 基本合理，6 分 不合理，0 分	10				
	建模	规范、熟练，10 分 规范、不熟练，5 分 不规范，0 分	10				
	数据处理	参数设置正确，20 分 参数设置不正确，0 分	20				
	打印成型	操作规范、熟练，10 分 操作规范、不熟练，5 分 操作不规范，0 分	25				
		加工质量符合要求，15 分 加工质量不符合要求，0 分					
	后处理	处理方法合理，5 分 处理方法不合理，0 分	10				
		操作规范、熟练，5 分 操作规范、不熟练，3 分 操作不规范，0 分					
职业素养（20 分）	劳动保护	按照规范穿戴防护用品	每违反 1 次扣 5 分，扣完为止			注：此项企业只需填写总分	
	纪律	不迟到、不早退、不旷课					
	表现	积极、主动、互助、负责、有改进和创新精神等					
	6S 规范	符合 6S 管理要求					
总分							
学生签名			教师签名				

学习活动3：课后提升

11.4　3D 打印设备常见故障解决方法与维护注意事项

1. 3D 打印设备常见故障解决方法

常见的故障是喷头阻塞，多数情况下是因为耗材问题与操作不当导致的。因为不同厂商生产的耗材质量良莠不齐，或因为耗材加热后拉丝不均匀，或凝结反常，或富含杂质等致使喷头阻塞。也有可能是使用者在更换打印耗材时操作不规范（拔断、剪断），致使进料齿轮或进料管至喷头处有残留的断丝，后面的耗材无法正常挤出而阻塞喷头。

解决方法有以下六种：

1）首先将打印头位置归零，然后手动进丝，查看出丝正常与否，接着将进料喉管中的胶丝向下按，观察出丝状态，并反复进行上述操作，将其中可能堵头的断丝熔化带出。

2）挤丝轮太紧或太松。挤丝轮太紧，会导致胶丝被磨损，从而使出丝不利；挤丝轮太松，则会使胶丝缺少前进的动力而不能正常出丝。

3）拧下进料旋钮，取下弹簧和垫片，慢慢取出挤丝轮，观察是否有胶丝残余。如果有，说明太紧，应将挤丝轮往外拧一点；如果没有，可能是太松，将挤丝轮往里拧一些即可。

4）进丝动力不足。这时往往需要使用专业软件刷新电流，用户可直接向 3D 打印机厂家客服人员索取。

5）加热耗材类型选错、温度设置不正确等也是 3D 打印机出丝异常的诱因。

6）按照以上步骤操作后，如果仍然存在问题，应及时咨询相关技术人员。

2. 3D 打印设备维护及注意事项

3D 打印设备在日常使用中，需要对设备进行维护，提升设备的使用寿命。还需要注意一些影响设备运行的事项，减少设备的故障率。

（1）设备维护

1）直线导轨两个月左右需要上油润滑及防锈。

2）热床底板一个月左右需要用湿抹布擦拭残余打印胶水。

3）机器长时间不准备使用时，需要把耗材提前从机器卸载出来，防止耗材长时间不使用而氧化断裂在进料管中。

（2）日常注意事项

1）热床底板需要时常清理灰尘，不然会影响打印过程中的粘连效果。

2）完成四、五次打印后热床底板需要重新涂抹胶水。

3）机器在开机不工作的时候避免长时间处于加热装调。

4）打印过程中时常注意耗材使用情况，避免耗材不够继续打印。

5）新耗材在打开包装后需两个月左右使用完，耗材被氧化会影响使用效果。

第 12 章　柱塞泵零件的修配与组装

【教学目标】

知识目标：

1. 认真阅读任务单，清楚柱塞泵零件的修配与组装工作任务内容。
2. 了解柱塞泵的作用。
3. 熟知柱塞泵的结构特点及应用场合。

能力目标：

1. 分析柱塞泵的结构特点，完成柱塞泵的装配。
2. 能够依据三维实体装配立体图，完成实物的装配。
3. 会使用 SolidWorks 软件的装配约束等命令完成柱塞泵的装配任务。
4. 能够对 3D 打印柱塞泵产品进行打磨和修配。

素养目标：

1. 培养学生的分析能力，提升团队协作能力；
2. 提高学生的创新能力。

【思维导图】

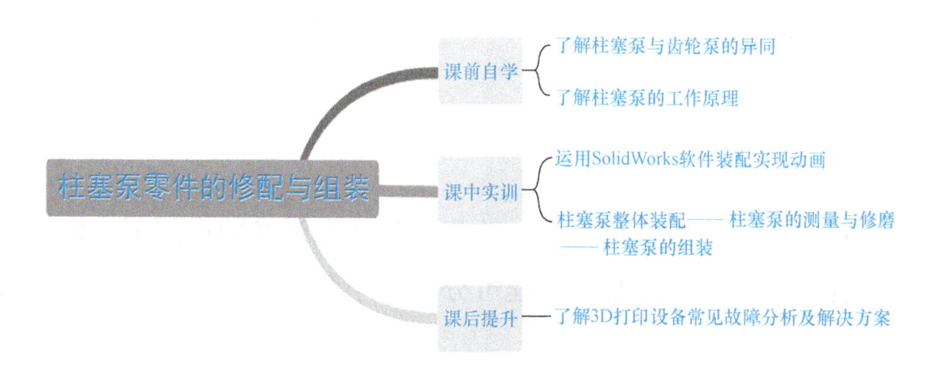

学习活动1：课前自学

【想一想】

1. 柱塞泵与齿轮泵的异同（表12-1）

表12-1　柱塞泵与齿轮泵的异同

	柱塞泵	齿轮泵	备注
图片			查阅资料，粘贴相关打印机图片
工作原理			查阅资料分析
结构特点			查阅资料分析
运用场所			查阅资料分析

2. 柱塞泵的工作原理

柱塞泵工作时，在喷油泵凸轮轴上的凸轮与柱塞弹簧的作用下，柱塞做上下往复运动，从而完成泵油任务。泵油过程可分为三个阶段：进油过程、供油过程和回油过程。

判断表12-2中各图分别属于哪个工作阶段并连线。

表 12-2　柱塞泵的工作阶段

工作阶段式	连线	图例
进油过程		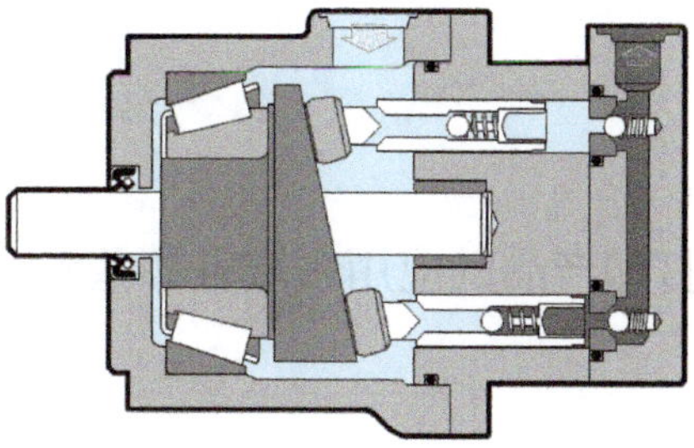
供油过程		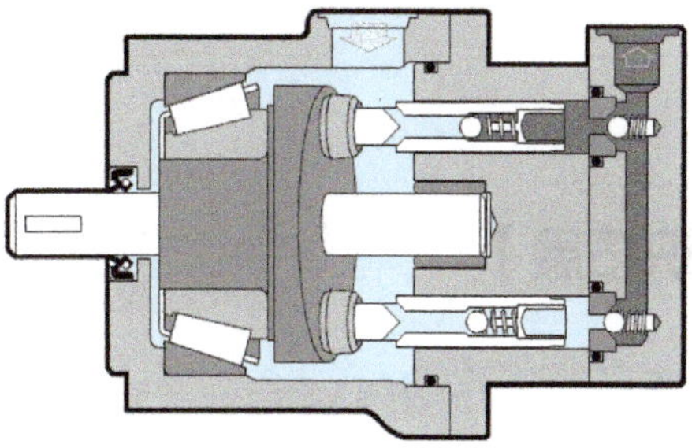
回油过程		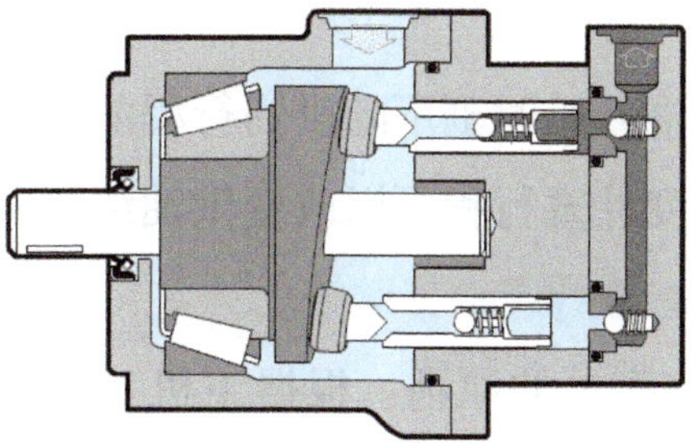

【查一查】

1. 简述柱塞泵的工作过程。

2. 柱塞泵有哪些种类？

3. 3D 打印模型打磨抛光常用工具有哪些?

4. 3D 打印产品的应用领域有哪些?

【知识拓展】

1. 柱塞泵的工作阶段

1）柱塞往复运动总行程是不变的，由凸轮的升程决定。

2）柱塞每次循环的供油量取决于供油行程，供油行程不受凸轮轴控制，是可变的。

3）供油开始时刻不随供油行程的变化而变化。

4）改变柱塞行程可以改变供油终了时刻，从而改变供油量。

2. 柱塞泵的选用与维护

选择柱塞泵的原则：根据主机工况、功率大小和系统对工作性能的要求，首先确定柱塞泵的类型，然后确定系统所要求的压力和流量大小。选择柱塞泵时，不仅要考虑压力、流量、体积、成本，其他方面也很重要，如柱塞泵所在系统的相容性、泵的可靠性及预期寿命等。

柱塞泵使用寿命的长短与平时的维护保养、液压油的质量、油液的清洁度等有关，要避免油液中的颗粒对柱塞泵摩擦副造成磨损，是延长柱塞泵使用寿命的有效途径。在维修中更换零件时，应尽量使用原厂生产的零件，这些零件有时比其他企业生产的零件价格要贵，但质量及稳定性要好。

【自学自测】

1. 柱塞泵依靠柱塞在缸体中________，使密封工作容腔的容积发生变化来实现________、________。

2. 柱塞泵由________、________、________、________、________及________组成。

3. 装配图是表达机器或部件的图样，主要表达其______和______关系。

4. 在装配图中用文字或______规定的符号注写该装配体在装配、检验、使用等方面的要求。

学习活动2：课中实训

12.1 柱塞泵整体装配

1. 了解柱塞泵整体装配结构（图 12-1）

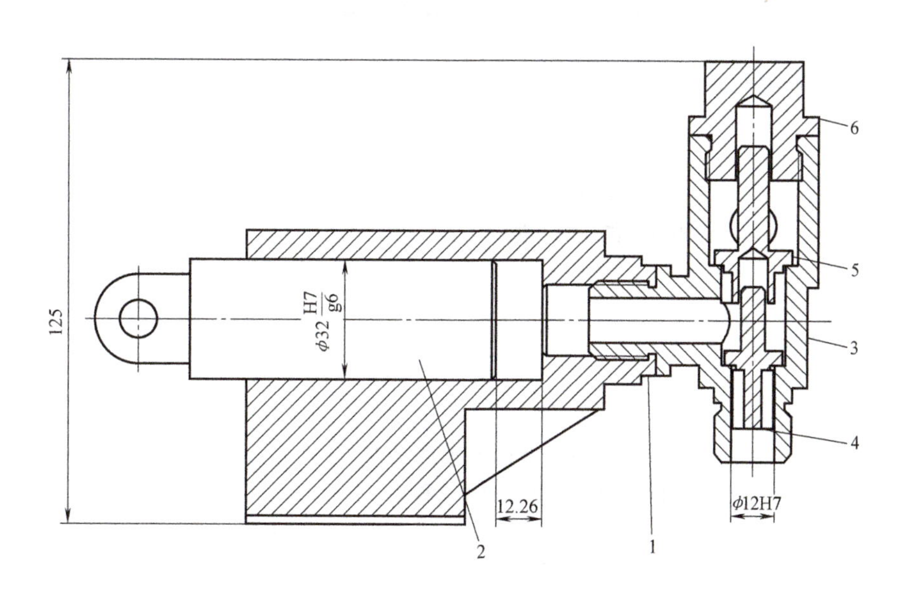

图 12-1 柱塞泵整体装配结构

1—泵体 2—柱塞 3—阀体 4—下阀盖 5—上阀盖 6—阀盖

柱塞泵由泵体、阀体、阀盖、柱塞、上阀盖、下阀盖组成。

2. 装配分析

整体装配是将所有设计的三维零件组装成一个整体的模型，然后在此基础上添加所需的配合，如同轴度、重合、距离、角度等约束操作。

分析柱塞泵整体装配图，并在此基础上进行装配，装配步骤如下：

1）创建新的装配件，添加需要固定的泵体零件。

2）添加其余零件，并将其安放至大致位置。

3）添加装配约束零件。

4）完成整体装配模型。

创建完成的柱塞泵模型如图 12-2 所示。

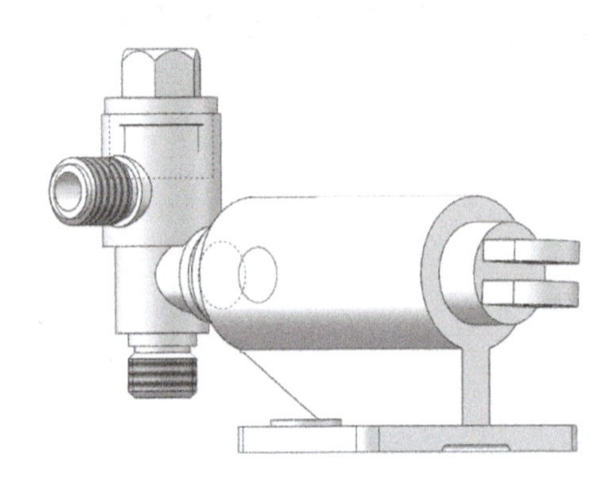

图 12-2 柱塞泵模型

3. SolidWorks 装配体基本操作命令（表 12-3）

表 12-3 装配体基本操作命令

命令及符号	说明	图例
平行约束 平行	选择需要平行的两零件平面，零件不能旋转角度	
重合约束 重合	选择需要重合的两零件平面，零件不能基于重合面垂直移动	
同轴心约束 同轴心	选择需要同轴心的两零件圆柱面	
相切约束 相切	选择需要相切的两零件圆柱面	

12.2　柱塞泵的测量与修磨

柱塞泵装配过程见表 12-4。

表 12-4　柱塞泵装配过程

序号	操作步骤	图示
1	单击“新建”命令，选择装配体，单击“插入零部件”选择泵体插入	
2	单击“插入零部件”，选择阀体插入，单击“配合”，选择泵体与阀体相互接触的螺纹，选择“同轴心”配合约束，再选择两个相互接触的平面，选择“重合”配合约束	
3	单击“插入零部件”，选择柱塞插入，单击“配合”，选择相互接触的圆柱面，选择“同轴心”配合约束，再根据装配图选择两个平面，选择“距离”配合约束	
4	单击“插入零部件”，选择下阀瓣插入，单击“配合”，选择相互接触的圆柱面，选择“同轴心”配合约束，再根据装配图选择两个平面，选择“重合”配合约束	
5	单击“插入零部件”，选择上阀瓣插入，单击“配合”，选择相互接触的圆柱面，选择“同轴心”配合约束，再根据装配图选择两个平面，选择“重合”配合约束	

（续）

序号	操作步骤	图示
6	单击“插入零部件”，选择阀盖插入，单击“配合”，选择相互接触的圆柱面，选择“同轴心”配合约束，再根据装配图选择两个平面，选择“重合”配合约束	
7	根据装配图约束阀体与泵体，单击“配合”，选择“距离”约束，选择阀盖顶部与泵体底部，完成整体装配	

12.3 柱塞泵的组装

1. 装配的精度要求

机械装配的主要任务是保证产品在装配后达到各项规定的精度要求，因此必须选择合理的装配方法。保证装配精度的方法主要有互换装配法、分组装配法、调整装配法和修配装配法。

3D 打印装配体在装配过程中，需要注意不同工艺成型产品之间的间隙大小。FDM 制件所需间隙为 0.2 ～ 0.3mm，SLA 制件拼接间隙为 0.1 ～ 0.2mm。在装配前，需要对各产品进行修磨工作，去除在打印过程中出现的翻边等缺陷。

2. 3D 打印打磨要求及注意事项

锉刀和砂纸是最常用的打磨工具，需要注意的是，一定要蘸水进行打磨，以防止材料过热起毛。一般使用这两种工具即可完成打磨，大的支撑结构残留凸起使用锉刀去除，打磨小的颗粒和纹路时则使用的砂纸从低目数往高目数依次循序渐进打磨。砂纸打磨原则是：先进行粗打磨，再进行精细打磨。

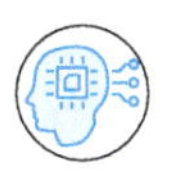

【复习反思】

1. 在切片过程中，设置支撑的类型选择对打印产品的质量影响如何？

2. 列举打印过程中可能出现的问题及其解决方案。

12.4　实训总结与评价

依据考核评价表（12-5），由小组、教师、企业三方进行评价。

表 12-5　考核评价表

评价项目	考核内容	考核标准	配分	小组评分	教师评分	企业评分	总评
学习活动完成情况（80 分）	学习活动分析	正确率 =100%，5 分 80% ≤正确率＜ 100%，4 分 60% ≤正确率＜ 80%，3 分 正确率＜ 60%，0 分	5				
	设计	合理，10 分 基本合理，6 分 不合理，0 分	10				
	建模	规范、熟练，10 分 规范、不熟练，5 分 不规范，0 分	10				
	数据处理	参数设置正确，20 分 参数设置不正确，0 分	20				
	打印成型	操作规范、熟练，10 分 操作规范、不熟练，5 分 操作不规范，0 分	25				
		加工质量符合要，15 分 加工质量不符合要求，0 分					
	后处理	处理方法合理，5 分 处理方法不合理，0 分	10				
		操作规范、熟练，15 分 操作规范、不熟练，3 分 操作不规范，0 分					
职业素养（20 分）	劳动保护	按照规范穿戴防护用品	每违反 1 次扣 5 分，扣完为止			注：此项企业只需填写总分	
	纪律	不迟到、不早退、不旷课					
	表现	积极、主动、互助、负责、有改进和创新精神等					
	6S 规范	符合 6S 管理要求					
总分							
学生签名			教师签名				

学习活动3：课后提升

12.5　3D 打印设备常见故障分析及解决方案

3D 打印设备在使用过程中会出现各种各样的小问题，要熟练地掌握机器各方面性能，通过问题快速判断其出现的原因以便解决问题。

1. 打印模型大小超过打印机的最大打印范围

在切片软件中设置的机器打印尺寸与打印机实际打印尺寸不一致。打印比较大的模型的时候可能会出现模型大小超过了机器能打印的最大范围。

解决方案：通过软件的设置使与打印机实际打印尺寸一致（图 12-3 和图 12-4）。

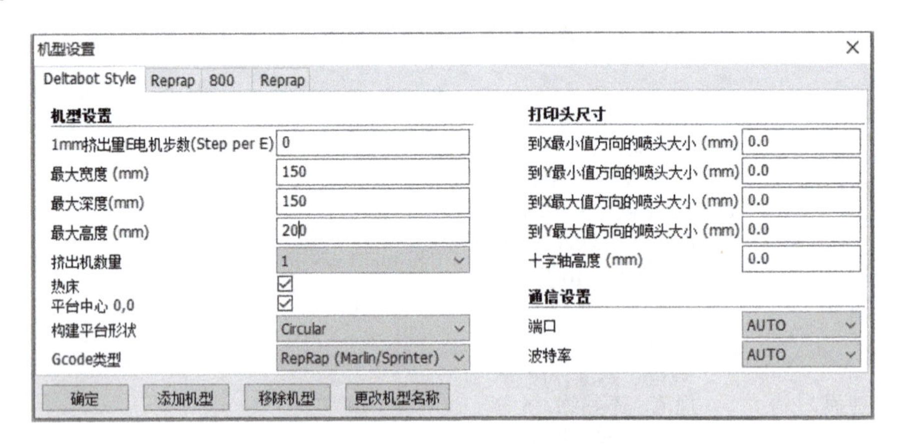

图 12-3　通过软件设置打印尺寸

图 12-4　打印机实际打印尺寸

2. 打印机开机后无法启动工作

查看温度显示是否较低。很多打印机在固件里面设置了打印机自我保护功能，室温低于一定温度的情况下打印机不工作。

解决方案：用热吹风机将打印机的喷嘴吹热，然后重启打印机便可恢复（图 12-5）。

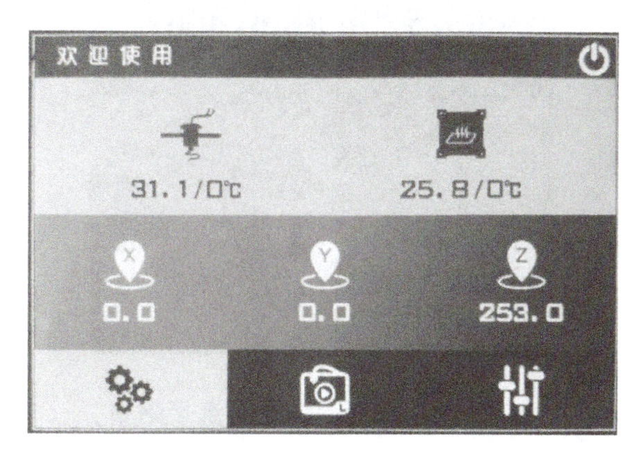

图 12-5　打印机温度设置

3. 打印机未工作，温度便显示一两百摄氏度

此现象为热敏电阻出现短路。将电阻线重接一下，注意两线之间做好绝缘。也有可能是电路板损坏，或者电路板接口短路。

解决方案：检查电路或更换电路板（图 12-6 和图 12-7）。

图 12-6　温度显示一两百摄氏度

图 12-7　检查电路

4. 打印机出现电机不工作现象

1）电机连接线接触不良。

解决方案：检查电机电路。

2）电机驱动损坏。

解决方案：检查电路或更换电机以驱动（图 12-7）。

5. X、Y、Z 轴出现某一轴或多轴回原点时只动一下却不回原点

此现象一般由于限位开关连接线接触不良。限位开关连接线一旦断开，打印机就会默认限位开关处于触发状态（不排除限位开关已损坏）。

解决方案：检查限位开关连接电路或更换限位开关（图 12-8）。

图 12-8　检查限位开关连接电路

6. 打印到一半打印机停止工作

1）切片文件还未完成就已经将 Gcode 切片文件导出，所以打印机所运行的 Gcode 文件并不是完整的模型打印指令。

解决方案：等待切片程序运行完成。

2）Gcode 文件出现乱码，一些质量比较差的 SD 卡存储比较大的 Gcode 文件的时候会出现文件损坏而乱码。

解决方案：更换新的 SD 卡。

3）断电后来电。

解决方案：清除原有打印件重新打印，有断电续打的机型可以在原有模型上继续打印。

7. 打印的过程中出现断层的情况

1）打印速度过快。喷嘴处材料熔化速度跟不上打印速度，会造成模型的某些部分吐丝不正常导致模型断裂。

解决方案：降低打印速度，也可以相应调高一点打印头温度。

2）挤出齿轮打滑。挤出齿轮上面有大量的材料残渣使挤出齿轮不能正常工作，或者挤出齿轮螺钉松动，挤出齿轮在电机轴上打滑。

解决方案：清理挤出齿轮上的残料，对挤出齿轮紧固螺钉加螺纹紧固胶水（图 12-9）。

图 12-9　挤出齿轮紧固螺钉

8. 打印的模型出现翘边变形

1）材料冷却后会有收缩率。收缩的时候会向周围产生一个拉力，模型底面积越大，这个拉力就越大，如

果模型与热床平台粘得不够牢固，就会将模型边角部分拉起来，使模型翘边变形。

解决方案：给热床平台加热可以有效地缓解翘边的情况发生，但不能完全避免。

2）不同的材料热床平台加热温度不同，温度不合适会产生翘边现象。

解决方案：根据打印材料种类设置合理的热床平台温度。

3）打印第一层的时候喷嘴距离热床平台太远。

解决方案：将热床平台与喷嘴的距离调近可以解决该问题，或者将初始层厚度改小。

4）热床平台不平，有些位置距离喷嘴较近，有些位置距离喷嘴较远，距离较远的位置会出现粘得不牢固的问题。

解决方案：将热床平台调平。

5）热床平台与打印材料不粘合。

解决方案：贴上美纹胶纸或者涂上 3D 打印专用胶水。

参考文献

[1] 王寒里，原红玲. 3D打印入门工坊［M］. 北京：机械工业出版社，2018.
[2] 曹明元，申云波. 3D设计与打印实训教程（机械制造）［M］. 北京：机械工业出版社，2017.
[3] 李艳. 3D打印企业实例［M］.北京：机械工业出版社，2018.
[4] 汪大木，魏忠，刘连宇，等. 3D打印创新设计实例项目教程［M］. 北京：机械工业出版社，2020.
[5] 彭惟珠，李淑宝. 3D打印技术综合实训［M］. 北京：电子工业出版社，2018.
[6] 涂承刚，王婷婷. 3D打印技术实训教程［M］. 北京：机械工业出版社，2019.
[7] 王晓燕，朱琳. 3D打印与工业制造［M］.北京：机械工业出版社，2019.